DESIGN

高等院

智能包装设计

Intelligent Packaging
Design

朱和平　主编

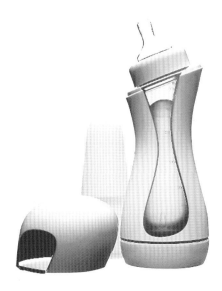

湖南大学出版社·长沙

内 容 简 介

本书构建了智能包装设计的理论体系，分专题详细介绍了智能包装设计当中的数字智能包装、材料智能包装、结构智能包装以及智能制造技术与工艺，对智能包装设计的原则与方法、智能包装的应用以及智能包装存在的问题与发展趋势展开论述。本书不仅在理论层面具有独创性与前沿性，而且在案例的选择上非常具有原创性。

本书适合高等院校艺术设计专业师生，以及对包装设计有兴趣的专业人士和业余爱好者使用。

图书在版编目（CIP）数据

智能包装设计 / 朱和平主编.—长沙：湖南大学出版社，2021.1（2022.1重印）

（高等院校包装专业系列教材）

ISBN 978-7-5667-1965-2

Ⅰ.①智… Ⅱ.①朱… Ⅲ.①包装设计—高等学校—教材 Ⅳ.①TB482

中国版本图书馆CIP数据核字（2020）第190663号

智能包装设计
ZHINENG BAOZHUANG SHEJI

主　　编：朱和平			
策划编辑：蔡京声			
责任编辑：贾志萍　蔡京声		责任校对：陈鹏金	
印　　装：湖南雅嘉彩色印刷有限公司			
开　　本：889 mm×1194 mm　1/16		印　张：7.25	字　数：207千字
版　　次：2021年1月第1版		印　次：2022年1月第2次印刷	
书　　号：ISBN 978-7-5667-1965-2			
定　　价：58.00元			

出 版 人：李文邦

出版发行：湖南大学出版社

社　　址：湖南·长沙·岳麓山　　　　邮　编：410082

电　　话：0731-88822559（营销部）　88821174（编辑室）　88821006（出版部）

传　　真：0731-88822264（总编室）

网　　址：http://www.hnupress.com　http://www.shejisy.com

电子邮箱：pressjzp@163.com

丛书编委会

主编：朱和平

参编院校：

长沙理工大学	江西科技师范大学
东华大学	昆明理工大学
东南大学	洛阳理工学院
福州大学	南华大学
赣南师范学院	南京航空航天大学
广东工业大学	南京理工大学
贵州师范大学	内蒙古师范大学
哈尔滨师范大学	青岛农业大学
河海大学	清华大学
河南工业大学	山东工艺美术学院
湖北工业大学	深圳职业技术学院
湖南城市学院	首都师范大学
湖南大学	天津城建大学
湖南第一师范学院	天津工业大学
湖南工业大学	天津理工大学
湖南工艺美术职业学院	天津美术学院
湖南科技大学	西安工程大学
湖南工商大学	湘潭大学
湖南涉外经济学院	浙江工业大学
湖南师范大学	郑州轻工业大学
吉首大学	中南林业科技大学
江苏大学	中原工学院

朱和平

男，博士，湖南工业大学博士生导师，二级教授。全国优秀教师，享受国务院政府特殊津贴专家，湖南省社会科学"百人工程专家"，湖南省艺术学省级学科带头人，湖南省首届教学名师。兼任中国包装教育委员会副主任、湖南省设计艺术家协会副主席。

完成全国艺术科学"十一五"规划课题、全国古籍整理出版规划领导小组项目、国家社会科学基金艺术学项目、教育部哲学社会科学研究项目、湖南省社会科学基金项目等多个国家级、省部级科研课题。出版著作21种，主编国家规划教材4种，发表论文200余篇，多次荣获湖南省优秀教学成果奖一等奖和二等奖。

Preface

总序

科学技术的迅猛发展，使我们的生活方式与消费模式不断推陈出新，作为产品外衣、商品附属物的传统包装已无法满足和适应这种变革，包装行业、产业必须转型升级。绿色化、人性化、信息化、系统化的设计理念与当今时代的科学技术所进行的融合与碰撞，势必将包装带入多元化、智能化的发展新时代。

在此背景下，传统包装的设计理念与教育模式已落后于这个时代的发展需求，高等院校所培养的包装专业学生与社会需求脱节，学生普遍缺乏对包装行业发展趋势的判断能力以及包装设计创新能力，这种现象随着各种颠覆性技术的出现而日趋严重。人才培养事关国家、民族的希望与未来，教育是国之大计、党之大计。正如习近平总书记在2018年9月召开的全国教育大会上的讲话中指出的，教育是民族振兴、社会进步的重要基石，是功在当代、利在千秋的德政工程，对提高人民综合素质、促进人的全面发展、增强中华民族创新创造活力、实现中华民族伟大复兴具有决定性意义。为全面贯彻落实全国教育大会精神，

教育部发布了《关于加快建设高水平本科教育全面提高人才培养能力的意见》（教高〔2018〕2号，简称"新时代高教40条"），决定实施"六卓越一拔尖"计划2.0，全面振兴本科教育。在高等教育新的改革浪潮下，包装设计教育的改革迫在眉睫、任重道远！

回顾包装设计教育的发展历程，可以清晰地看到，它是建立在传统工艺美术的教育基础上，针对改革开放初期商品经济发展与社会需求建立的。因此，人才培养目标、培养体系、培养内容、培养环节等方面都存在着诸多问题，突出反映在关乎人才培养对象素养、能力的课程建设与教材建设上，存在着严重的滞后性。具体表现在如下几个方面：一是教材名称、内容老化；二是教材资讯、案例陈旧，未能与时俱进；三是教材理论阐述与实践运用脱节，缺乏有机联系；四是教材呈现形式单一，既不便于教，也不利于学。

基于以上问题，由湖南工业大学发起并组织国内从事包装教育的一批专家，在对目前国内外包装设计教育教材仔细审读、认真研究的基础

上，编写了高等院校包装专业系列教材。本套教材的编写宗旨是把握包装行业发展趋势与市场需求，兼顾设计专业多元化与专业化并存的特点，体现设计专业实用性的要求，既注重对设计方法的指导与设计技法的传承，又着力培养学生的创新设计意识与能力。在内容选择与呈现形式上，本套教材努力实现以下特色：

第一，对包装传统理论及设计技法重新梳理，围绕包装设计的本质、特征和发展趋势，对原有理论、技法进行整合、凝练，将人们耳熟能详的理论、技法纳入基本知识范围，对新时代新提出的理论、技法予以详细阐发，并加入思维导图等相应图表来方便学生理解与学习，借以体现理论、技法的前沿性。

第二，根据时代发展与市场需求，改变以往教材中主体内容不突显，导致讲授中知识"厚薄"难以取舍的状况，加强教材内容与社会主体包装形式的对接，将网购包装、智能包装、共享包装等新型包装形式的理论和实践作为重中之重。采用当下社会最前沿、最具代表性的包装理论及案例，为学生提供明确的设计方向与借鉴思路。

第三，强调设计形式表现与技术原理的统一，力求设计与艺术、设计与技术、设计与美术的有机融合，试图克服长期以来设计教育忽视对新材料、新技术的原理及实现方法讲解的障碍，弥补对学生培养只停留于包装美术表现而缺乏实际制作能力的缺陷。

第四，在内容呈现形式上，加入视频、案例模型等素材数据库，学生可通过扫描二维码来登录学习平台等线上形式，自行下载与学习相关的配套课程及案例制作的教程，增强学习自由度与学习效率。

第五，构建可供专业教师提高教学水平的学习平台，使课程相关教师通过线上共享资源，进行教育讨论与专业互动，交流教学经验，促进自身发展，最终达到提高人才培养质量的目的。

高等院校包装专业系列教材是根据整个包装专业的人才培养目标与专业课程特点，从顶层设计出发，开发课程内容及专业知识体系的。参与本套教材撰写的大多是在专业设计领域卓有成效，具有丰富教学经验的专家和学者，尤以中青年学者为主。需要指出的是：限于包装设计的独特性与时代性，以及社会观念及技术文化的变革发展，本套教材能否达到编撰预期效果与目标，只有通过广大教师与学生使用后，才能得到初步结果。因此，我们期待着设计界同人和高校师生的批评指正，以便日后更好地完善与修订教材。

朱和平

2020年7月

Contents

目录

1

导论

Intelligent Packaging Design

　　随着科学技术的发展，人类社会已经步入了数字和智能化时代。这一时代不仅给我们带来了全新的生产、生活方式，而且对与我们生产、生活密切相关的造物活动提出了新的要求。传统设计需要升级换代，需要以"新设计"的思维和理念定位设计目标，设计的原则、方式和实现手段，也需要重塑与重构。

　　在数字和智能化时代，一种新型包装方式——智能包装设计应运而生。要认识和了解智能包装设计，并且能从事智能包装设计工作，需要掌握以下内容：

①智能包装的概念、原理和发展历史；

②智能包装的分类及主要形式；

③与智能包装相关的制造技术和工艺；

④智能包装设计的原则与方法；

⑤智能包装目前的应用情况及设计案例分析；

⑥智能包装存在的问题及发展趋势。

1.1　智能的概念

　　先举一个简单的例子，人口渴了想要喝水，就会去寻找适合饮用的水，然后想办法喝水，达到解渴的目的。这个过程和行为，就是智能。简单地说，智能就是智力和能力的总称。人知道自己口渴了，这就是智力；又通过肢体行动和思维辨识，找到了适合的水并且喝了下去，这就是能力。

　　以上只是一个简单的例子，学术上一般将智力视为可量化的普通能力，它可能是一种能力，也可能是多种能力的集合。

　　认知发展理论将智力视为认知能力或心智技能，包括个人推理及思考能力；信息处理理论则从认知历程的立场来解释智力，认为它是处理信息或解决问题的历程或能力。

图 1-1 阿尔弗雷德·比奈

图 1-2 大卫·韦克斯勒

此外，还有一些抽象的观点，比如晶体智力和流体智力，本质上都一样，只是换了一个名词概念。

我们评判一个人是否聪明，通常用智力或智商高低来衡量。譬如说某人智力不错，某人智商很低。人们对智力关注方面的差异，导致智力测量内容与方式的不同。今天，很多人用比西量表去测量智力。所谓比西量表，即比奈－西蒙智力量表，是 1905 年由法国心理学家阿尔弗雷德·比奈（Alfred Binet，图 1-1）和西奥多·西蒙（Theodore Simon）编制的。比奈－西蒙智力量表于 1922 年传入我国，1982 年由吴天敏修订，确定了 51 道试题，主要用于测量小学生和初中生的智力水平。

比奈－西蒙智力量表推出以后，美国医学心理学家大卫·韦克斯勒（David Wechsler，图 1-2）在 1949 年又主持编制了韦氏智力测验量表，这是目前世界上应用最广泛的智力测验量表。韦氏智力测验量表共有三套：韦氏成人智力测验量表（WAIS）、韦氏儿童智力测验量表（WISC）、韦氏幼儿智力测验量表（WPPSI）。其中，成人智力测验量表适用于 16 岁以上人群；儿童智力测验量表适用于 6~16 岁人群；幼儿智力测验量表适用于 4~6.5 岁人群。龚耀先（图 1-3）等人考虑到中国城市和农村的现实情况，于 1981 年对韦氏智力测验量表进行了修订，分别制定

图 1-3 龚耀先

了城市和农村两个版本。

现在网络发达，经常有人在网络上发布一些图像和数字，让人们从中寻找有多少个相同的对象，以此来检测人的智商、心理年龄。这种做法尽管很有意思，但娱乐性大于科学性。

简单地说，智力是指人认识与理解客观事物并运用知识和经验等解决问题的能力，包括记忆、观察、想象、思考、判断等。它的构成要素包括观察力、注意力、记忆力、思维力和想象力等。

从自然界的维度来说，能力是指生命个体对自然探索、认知、改造水平的度量。如人解决问题的能力，动物、植物的繁殖能力等。

而对于人类来说，能力就是完成一个目标或一项任务所体现出来的综合素质。显然，能力是和人进行一定的实践活动联系在一起的。离开了具体实践，既不能表现人的能力，也不能发展人的能力。由此可见，实践对于人的能力的检验和提高，是十分重要的。

一般来说，根据人活动领域的不同，我们可将能力划分为以下几种类型：一般能力，是指进行各种活动必须具备的基本能力；特殊能力，又称专门能力，是指完成某种专门活动所必备的能力，如绘画能力；

再造能力，是指实践活动中顺利掌握前人所积累的知识、技能，并按现成的模式进行活动的能力；创造能力，是指在活动中创造出独特的、新颖的、有社会价值的产品的能力；认识能力，是指个体接收信息、加工信息和运用信息的能力，表现在人对客观世界的认识活动之中；元认知能力，即认识本身，包括自我评价、从已知的可能性方案中选择解决问题的确切方法、约束和调剂自我等；超能力，往往指特异功能；等等。

常言道，能力有大小，水平有高低。因此，必须得承认，人与人之间的能力是有差异的。

在弄清楚智力和能力的内涵与外延后，将二者合起来作为一个整体，我们不妨从人类智能所包含的范畴的角度去进一步深化认识。

被誉为"多元智能理论之父"的美国教育心理学家霍华德·加德纳（Howard Gardner，图1-4），认为人类的智能可以分为八个方面（图1-5）：

一是言语－语言智能；

二是音乐－节奏智能；

三是逻辑－数理智能；

四是视觉－空间智能；

图1-4　霍华德·加德纳

图1-5　多元智能理论图示

五是身体 - 动觉智能；

六是自我认识智能；

七是人际交往智能；

八是自然观察智能。

上述八个方面基本包涵了人类智能的全部。围绕这八个方面去开展人工造物，或者说人工造物具有这八个方面的某种属性，那么，这个人工造物就具有智能的意义了。

1.2　人工智能

什么是智能？智力和能力的体现就是智能。现在，人类拥有的智能，可以通过人工技术制造出来一部分。我们生活中的每一天都在使用人工智能产品，像手机、电脑、遥控器。这正如美国计算机科学家与认知科学家，被称为"人工智能之父"的约翰·麦卡锡（John McCarthy）所说的："一旦一样东西用人工智能实现了，人们就不再叫它人工智能了。"因为存在这种效应，所以人工智能听起来总让人觉得是未来的神秘所在，而不是身边存在的现实。同时，这种效应也让人觉得人工智能是一个从未被实现过的流行理念。

智能的范畴很广，可以归纳为上一节讲到的八个方面。同样，人工智能的概念也很广，它分为很多种类。学术界一般根据智能水平将其划分为三大类：

①弱人工智能，是指擅长单个方面的人工智能；

②强人工智能，即具有自我意识的人工智能，是指在各个方面都能和人类比肩的人工智能，它能模仿人类的脑力活动或是产生自我意识；

③超人工智能，在几乎所有领域都比人的大脑聪明很多的人工智能，拥有科学创新、通识和社交技能。

显然，这三种类型的人工智能是按智能的自我意识层次进行划分的，其存在层次之分也是由人类的认识水平和科技的发展状况所决定的，但无论如何，人工智能是确定存在了。

人工智能的出现要追溯到 1956 年的夏季，当时以约翰·麦卡锡、马文·明斯基（Marvin Minsky）、内森尼尔·罗切斯特（Nathaniel Rochester）和克劳德·香农（Claude Schannon）等人为首的一批有远见卓识的年轻科学家在一起聚会，他们共同研究和探讨用机器来模拟一系列有关智能的问题。这一次小范围的年轻科学家们的聚会，对人类社会产生了巨大的影响，人们在会上首次提出了"人工智能"这一术语，认为智能完全可以通过人工制造出来。这次聚会，标志着"人工智能"这门新兴学科的正式诞生。

此后六十多年，仍然没有统一的原理或范式指导推进人工智能研究，并且在许多问题上研究者都存有争论。例如是否应从心理或神经方面模拟人工智能？像鸟类生物学对于航空工程一样，人类生物学与人工智能研究有没有关系？智能行为能否用简单的原则，如逻辑或优化来描述？但事实是人工智能一直在发展，一直在推出智能产品。目前，人类已经掌握了弱人工智能，并且将其运用到了生产、生活中。我们今天所见到的智能轨道交通（图 1-6）、智能停车场（图 1-7）、无人超市、智能家居等，都是人工智能不断发展和应用的结果。同样，包装领域也已经出现了不少智能包装设计作品。

人工智能的发展速度已令人叹为观止，未来人工智能的智力水平将会超过人类，可能出现有情感的机器人，机器人对人类的了解将会超过人类对自身的了解；机器人可以不需要肉身，但是具备比十亿台超级计算机更聪明的大脑。这是美国发明家、学者雷·库兹韦尔（Ray Kurzwell）在《奇点临近》一书中的预言。事实上，从"阿法狗"智能围棋打败了人类围棋冠军，

图 1-6　智能轨道交通

图 1-7　智能停车场

再到"阿法元"智能围棋又打败了"阿法狗"智能围棋，这已经证明了库兹韦尔的预言有朝一日会成为现实。"阿法元"智能围棋自我学习 70 小时，比人类学习 3000 年学的知识还多，其学习能力是人类的 40 万倍。人工智能的出现将极大地丰富人的想象力，将改变人们的生产、生活方式，以及未来的人类社会。

对人们来说，最好的选择就是现在积极跟进人工智能技术来设计我们的生产、生活方式，去迎接人工智能作为设计主体的到来。这不仅涉及人的思想和思维方式的转变，而且涉及人的工作态度与工作方式的改变。

1.3　智能技术与智能制造

智能可以通过人工制造出来，并且目前人类已经发展到了弱人工智能阶段，正在大力开发新的智能技术，使人工智能转向更高级阶段的发展。由此可见，决定人工智能发展水平的是智能技术。

在人类社会发展的历史长河中，技术的发明和应用是推动社会进步的关键因素，"科学技术是第一生产力"的论断，就充分说明了这一点。新技术的创造和运用，使人类的许多想法变成了现实，生产劳动效率得到极大提高，体力劳动强度大大降低，人类的生活更加愉悦。诸如此类的事实，只要回望历史、回望过去，便不难让人感受到。但是，智能技术作为能够替代人的脑力劳动的一种技术，能把人的重复性脑力劳动让计算机取代。人们如果第一次听到这种论调，会觉得很突然，进而怀疑它的真实性。因为人是世界上最聪明的高级动物，人的大脑的处理能力异常强大。但今天的现实情况是智能技术能够代替人从事部分复杂的脑力劳动。

不过，这种技术不是一般的技巧，也不是一般的工具，而是建立于计算机上的技术，称为智能控制。

1946 年 2 月 14 日，由美国军方研制的世界上第一台电子计算机——"电子数字积分计算机"问世，在以后的 70 多年里，计算机技术以惊人的速度不断发展，从第一代的电子管数字机（1946—1958 年）（图 1-8），到第二代的晶体管数字机（1958—1964 年）（图 1-9），再到第三代的中小规模集成电路数字机

图 1-8　电子管数字机

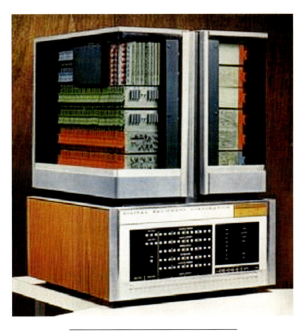

图 1-10　中小规模集成电路数字机

图 1-9　晶体管数字机

（1964—1970 年）（图 1-10），再到第四代的大规模集成电路机（1970 年至今）（图 1-11）。作为一种用于高速计算的电子计算机器，计算机不仅可以进行数值计算、逻辑计算并具有存储记忆功能，而且能够按照程序运行，自动、高速处理海量数据，被广泛地运用到信息管理、过程控制、辅助技术、翻译、多媒体应用、计算机网络和产品开发等几乎所有的人类社会领域。

　　计算机迭代所带来的技术的推广应用，在今天已渗透到人们生产、生活的各个领域，人类已离不开计算机。问题是智能制造是更高端的造物活动，目的是满足人的更高层次的需求。因此，其技术的指向性和针对性毫无疑问是不一样的。

图 1-11　大规模集成电路机

　　智能制造是指模拟人的智力和能力。要使人造物具有与人一样的智力和行为能力，能够被人控制、支配，控制是首先需要掌握的新技术。

　　美籍华人傅京孙教授是一位模式识别与机器智能专家，他在 1971 年提出"智能控制"的二元交集理论。从那时起到现在，智能控制已经从二元论（人工智能和控制论）发展到四元论（人工智能、模糊集理论、运筹学和控制论）。在取得丰硕理论研究和应用成果的同时，智能控制理论不断发展与完善，已经扩展到计算机技术、精密传感技术、卫星定位技术等先进领域。

智能控制理论的不断发展和应用催生了大量的智能制造技术和智能产品。从目前已有的智能产品来看，其采用的技术虽然很多，但关键的技术有以下五种：

（1）识别技术

识别功能是智能制造的要素之一。而识别技术主要包括无线射频识别技术、基于深度三维图像识别技术、物体缺陷自动识别技术。其中，基于深度三维图像识别和物体缺陷自动识别的技术，是在智能制造服务系统中用来识别物体几何状态的关键技术。

（2）实时定位系统

实时定位系统可以通过卫星数据对目标对象进行实时的定位跟踪管理。

（3）信息物理融合系统

信息物理融合系统又称为"虚拟网络－实体物理"生产系统，它彻底改变了传统制造业的逻辑。生产或加工一个工件时，人们可以在信息物理融合系统中计算出需要哪些配置服务。

（4）网络安全技术

现在，生产制造越来越依赖计算机网络、自动化机器和无所不在的传感器。技术人员的工作就是把数字数据转换导入计算机，并且加工成物理部件和组件。而制造过程的数字化技术资料支撑了产品设计、制造和服务的全过程，所以必须得到保护，以防范网络盗窃行为。

（5）系统协同技术

系统协同技术包括大型制造工程复杂自动化系统整体方案设计和安装调试技术、统一操作界面和工程工具的设计技术、统一事件序列和报警处理技术、一体化资产管理技术等。

尽管智能制造技术还处于不断发展和完善阶段，但从已有的无人工厂、无人仓库、无人驾驶、智能防伪、自然语言生成与识别等智能制造技术来看，智能制造技术具有广阔的应用前景，可以充分应用到人类的行为活动和造物活动中，今后，智能化将无处不在。

1.4　初识包装的智能化

从前面几节对智能化、智能制造的介绍中，我们可以了解到智能制造技术具有广阔的应用前景。如此说来，包装不仅可以智能化，而且智能技术与智能制造应用到包装上一定是未来发展的趋势。

所以，包装作为产品的附属物，不仅具有物理功能上的作用、价值与意义，而且对生产者来说，每一件包装物都希望被人使用。这样看来，包装物是一定会与人产生关联的，在储藏、运输过程中，要保证其安全性、可控性，也离不开人的意志和愿望。总之，包装在整个生命周期中，都与人间接或直接地联系着。如何使人的意志在包装中得到充分的反映和体现？自然，只有包装具有智能化，才能达到目的和要求。

也许有人会提出疑问：包装与人类的起源同步，有了人就有了包装，传统包装有上百万年的历史了，没有智能，不是也满足了人类的需求吗？而且，在传统包装中，不也有令人称赞的好包装吗？这种看法，似乎有一定的道理，但忽视了两个问题：

①人类社会是发展的，人类自身是进步的，人的需求是不断提高的，过去的人、现在的人、未来的人是不可同日而语的；

②传统包装随着社会的进步、科技的发展也是不断发展演变的，包装的概念、功能、形式，在人类历史

长河中，从来都在变化，只是不像今天日新月异的社会一样变化快。

1992年12月，人们在英国伦敦召开了第一次智能包装国际会议。会议上，人们对智能包装作了如下定义：一个包装、一个产品或产品的包装组合，含有集成化元件或某项固有特性，人们通过此类元件或特性，把符合特定要求的智能成分赋予产品包装的功能中，抑或体现于产品本身。这个定义给人佶屈聱牙的感觉，听起来也生涩难懂。

网络上智能包装的释义是指通过检测包装食品的环境条件，提供在流通和储存期间包装食品品质的信息。如时间–温度显示包装、新鲜度显示包装、包装泄漏显示包装等。显然，这一定义只是针对食品包装的智能内容和形式，并不具有普遍性。

想弄清楚智能包装，必须先明白一个前提，就是智能包装是建立在传统包装的基础上承载智能技术与方法的。因此，智能包装可以定义为：在具有基础功能的前提下，通过运用智能技术与智能制造，包装具有感知、监控、记录以及调整产品所处环境的相关信息及功能，从而将信息便捷、高效地传递给使用者，使用者可与之进行信息交流沟通，从而易于触发隐含或预制功能（图1-12）。

根据这一定义，我们要注意以下两点：

①智能技术与智能制造。技术尽管有高低之分，但一定包含有智能的内涵与特点。

②智能因素的目的。这一目的是拓展和增强传统包装无法具有的功能，使包装更安全、流通更可控、使用更人性化。

随着技术的不断研发和应用，智能包装将日益普及，智能的形式更加多样化。但也必须注意到，包装毕竟是产品的附属物，在传统包装的转型中，并不是所有的包装都要求智能化。智能包装的采用，取决于传统包装功能在保护商品、便于储运和方便使用等方面存在的问题和缺陷。这是包装采用智能化的前提，也是今天包装智能化发展缓慢的因素之一。

图1-12　Hidrate Spark 2.0 智能水瓶包装

Q&A:

1.5 智能包装的出现及发展

包装可以智能化，而且智能化是包装发展的必然趋势。事实上，智能包装早已出现。智能化包装的概念始见于 1992 年在英国伦敦召开的"智能化包装"会议。但是智能化包装的出现要比"智能化包装"概念的提出早得多。

1.5.1 条形码开启智能包装

条形码，又称条码。从智能的定义和内涵去理解，一维条形码应用到包装上，应该是人们使用最早、最广泛的智能包装，也是人们日常接触最早的智能包装。可以说条形码开启了智能包装应用新时代。这种宽度不等、黑白条相间、按照一定规则顺序编码、用以表达一组信息的图形标识符，可以存储物品的生产国、制造厂家、商品名称、生产日期等众多信息，被广泛运用在商品包装上。最早被打上条形码的产品包装是箭牌口香糖。

条形码技术出现在 20 世纪 20 年代，发明人叫约翰·科芒德（John Kermode）。他原本想对邮政单据实现自动分拣，其想法是在信封上做条码标识，条码中的信息是收信人的地址，就像今天的邮政编码。科芒德的设计方案非常简单，即一个"条"表示数字"1"，两个"条"表示数字"2"，以此类推（图1-13）。然后，他又发明了由基本的元件组成的能够发射光并接收反射光的条码识读设备，创造了一种测定反射信号条和空间的方法，即边缘地位线图，以及使用

图 1-13 条形码

测定结果的仪器，即译码器。后来，科芒德的合作者道格拉斯·杨（Douglas Young），在科芒德的设计方案基础上做了些改进。

条形码的相关专利最早出现在 20 世纪 40 年代。在 1949 年公布的专利文献中，第一次有了诺姆·伍德兰（Norm Woodland）和伯纳德·西尔沃（Bernard Silver）发明的全方位条形码符号的记载，在这之前并没有实际应用的案例。

1970 年，Iterface Mechanisms 公司开发了在报社排版过程中实现自动化的"二维码"，现如今它慢慢成为被智能包装广泛使用的一种技术。同一维条形码相比较，二维码不仅有了更大的信息容量和更强的防伪功能，而且扫码更方便。用户可通过一台普通的智能手机，用手机"扫一扫"功能就能获得该二维码储存的信息。

条形码是迄今为止最经济、最实用的一种自动识别技术。这种技术具有如下五个方面的优势：

①输入速度快。与键盘输入相比，条形码的速度是键盘输入的五倍，并且能实现"即时数据输入"。

②安全可靠性高。键盘输入数据出错率为三百分之一，利用光学字符识别技术出错率为万分之一，而采用条形码技术误码率低于百万分之一。

③采集信息量大。传统的一维条形码一次可采集几十位字符的信息，而二维条形码可以携带数千个字符的信息，并有一定的自动纠错功能。

④运用灵活。条形码既可作为一种识别手段单独使用，也可以和有关识别设备组成系统完成自动化识别，还可以和其他控制设备连接起来实行自动化管理。

⑤容易制作且成本低。条形码标签容易制作，对设备和材料没有特殊要求，识别设备操作容易，无须特殊培训。在零售领域，条形码是印刷在商品包装上的，

其成本可忽略不计。

条形码具有如此多的优点，所以，自从创造且运用到包装上便沿用至今。今天人们在各大超市购买商品时，只要是有生产厂家的商品，其包装上都有条形码；而散装的商品，在称重以后，也都贴上了条形码。消费者在付款时扫条形码就知道商品的价格，既快捷又准确无误，无须像之前用算盘或计算器计算各种商品价格。基于此，从某种意义上来说，智能包装已经运用到了各类商品包装上。当然，条形码的智能只体现在某一方面，并且是低级阶段的智能，不能满足人类的更高智能需求。

1.5.2 从 RFID 到 NFC

条形码开启了智能包装新的时代，具有智能的很多优点，但严格来说只具有某些方面的智能。所以，在条形码广泛使用的同时，包装领域又出现了新的智能技术。这种新的智能技术就是 RFID（无线射频识别）和 NFC（近场通信）技术。

如果说条形码在包装上的运用开启了智能包装时代的话，那么，RFID 和 NFC 技术在包装领域的运用使包装更加智能化。因为 RFID 和 NFC 技术可以让包装"开口"，告诉人们所到过的地方和所在的位置以及其他各类信息，还能通过"交互式标签"功能，满足用户体验的需求。

RFID 技术，即无线射频识别技术，是一种通信技术，可通过无线电信号识别特定目标并读写相关数据，无须识别系统与特定目标之间建立机械或光学接触。从结构上讲，RFID 是一种简单的无线系统，只有两个基本器件组成系统，即询问器和很多的应答器。它具有以下优点：快速扫描；体积小型化，形状多样化；抗污染能力强，耐久性好；可重复使用；穿透性好和无屏障阅读；数据的记忆容器大；安全性好。

射频标签是电子产品代码（EPC）的物理载体，附着于可跟踪的物品上，可全球流通，并对物品进行识别读写。

RFID 技术最早起源于英国，二战中被用于辨别敌对双方的飞机身份；20 世纪 60 年代开始商用，80 年代迅速发展；2005 年以后，广泛用于食品与药品包装，目的是跟踪药品流通的全过程，辨别其真伪。因为采用该技术后，人们只需要在货物的外包装上安装电子标签，在运输检查站或中转站设置阅读器，就可以实现资产的可视化管理。目前我国物流、包装、零售、制造等行业对 RFID 电子标签都有一定的运用。

NFC 即近场通信，又称近距离无线通信。它是由无线射频识别及互联互通技术整合演变而成的，通过在单一芯片上集成感应式读卡器、感应式卡片和点对点通信技术，利用移动终端实现移动支付、门禁、移动身份识别、防伪等功能。该技术应用在商品包装上，不仅可以防伪，而且便于移动支付，其市场发展前景非常可观。

统计数据显示，2012 年至 2016 年期间，全球基于 RFID 和 NFC 技术的智能包装产品平均增长率约为 6.3%。2016 年至 2021 年间，预期增长率将高达 19.1%。有专家预测未来几年，每个产品的独立包装都会贴上智能标签。因此，RFID 电子标签的年需求量将达到数万亿枚。我们仅从 RFID 的需求就可以看到智能包装的巨大市场及其潜在机遇。

1.5.3 从智能材料到印刷电子

条形码开启智能包装发展以后，RFID 和 NFC 技术在包装领域的运用，使包装更加智能化。但就像人类社会发展、前进的步伐永不停止一样，智能包装的研发可以说是如火如荼，呈现出永无止境的态势。近年来，突出表现在智能材料的撷取和印刷电子的运用上。这一小节就专门讲解智能材料和印刷电子是如何运用到包装上的。

首先，关于智能材料。智能材料是一种能感知外部刺激，能够判断并做出适当处理反应且本身可执行预期效果的新型材料。它是继天然材料、合成高分子材料、人工设计材料之后出现的第四代新型材料。一般说来，智能材料有七大功能，即传感功能、反馈功能、信息识别与积累功能、响应功能、自诊断功能、自修复功能和自适应功能。

作为一种新型材料，智能材料由传感器或敏感元件等与传统材料结合而成，可分为嵌入式智能材料、自身微观结构智能材料、智能结构材料等不同类别。

智能材料的出现最早可以追溯到1880年法国物理学家皮埃尔·居里（Pierre Curie）和杰克斯·居里（Jacques Curie）发现的压电材料。20世纪60年代以后，智能金属材料、智能无机非金属材料、智能高分子材料、智能药物释放体系、智能聚合物微球、智能膜材、智能纤维材料、仿生工程材料等不断涌现。其中运用到包装领域的，目前主要有智能膜材。

智能膜材运用到包装领域，主要是指运用膜对温敏、湿敏、气敏等的感应作用，提醒和警示消费者对内装商品的保质期和新鲜度产生关注。目前，国内外少数企业在牛奶、肉类、水果等产品包装上有使用这种材料（图1-14）。

其次，关于印刷电子。印刷电子曾被称作印制电子或全印制电子，在第三届全国印刷电子技术研讨会上，专家经过讨论一致认可"印刷电子"这一称谓。它是指采用快速、高效和灵活的数字喷墨打印技术，在无导电的基板上，形成导电线路图形，或形成整个印制电路板。

印刷电子具有以下优点：印制技术的导入，简化了电子产品制造工艺；把电子电路与元器件集成在一起，连接可靠；产品轻薄，可挠曲，减少了体积与重量，适合各种形状需求；绿色生产，符合可持续发展观。

迄今为止，印刷电子的研究不到十年，但进展很快。人们在各种非导电基材（如塑料、纸、玻璃、陶瓷）上，采用印刷电子技术与工艺，可以形成与人、环境需求相符的图形、文字、色彩、声光、语音以及动静变换的效果，极具智能性。将其运用到包装印刷上，不仅将极大地丰富包装印刷的内涵，而且对传统印刷业将产生颠覆性的变革，具有无比广阔的前景（图1-15）。

总之，从目前已出现的智能技术来看，虽然其运用到包装领域具有滞后的特点，但因包装的生产、生活性特点和在国民经济、社会发展中重要性的日益突显，包装朝智能化发展成为必然趋势。因此，我们学习和从事包装设计，必须懂得和了解智能原理、智能技术，能将各种智能技术与方法整合、集成到包装上，设计符合时代发展的智能包装。

图1-14　智能膜材

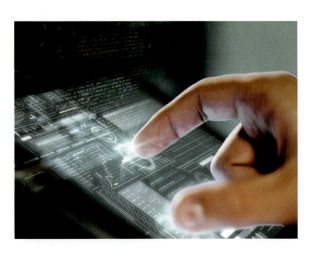

图1-15　电子印刷

2

数字智能包装

Intelligent Packaging Design

数字智能包装，从字面上理解就是在智能包装的前面增加了"数字"两字。这种包装与数字化技术息息相关。具体来说，什么是数字智能包装？它以一种什么样的形态存在？有哪些类别形式？有哪些特性？如何应用？这一系列的问题，都是我们需要了解的。

2.1　数字智能包装的概念

任何概念的出现，都具有一定的时代特性，数字智能包装也不例外。学术界最早将数字智能包装定义为信息型智能包装，直至今天仍然有人沿用这一名词。这两个名称指的是同一个对象，但我们更倾向于"数字智能包装"这种称谓，这要从技术的角度来分析。信息型智能包装技术，主要指以反映包装内容物及其内在产品品质和运输、销售过程信息为主的新型技术。这个概念的确定与当时的技术运用不无关系。从某种程度上讲，这个概念的出现，主要是因为人们可以将包装的部分信息，通过RFID电子标签进行存储，最后传达给消费者。相比传统的一维条形码来说，它已经具备了更多特点与优势（图2-1）。这种应用主要建立在信息层面上，是指智能标签的一种信息传输功能。

20世纪末21世纪初，由于这种信息数字传输的特点，人们将这类包装称为信息

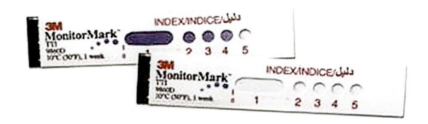

图2-1　3M Monitor Mark 智能标签

型智能包装。但是，最近十年来随着智能硬件技术的发展，特别是人工智能的出现，这种信息型智能包装的概念也随之扩大，人们可以通过手机智能终端，以及对应的智能硬件和驱动装置，实现以管理控制为主要手段的智能包装。

此外，随着物联网、虚拟技术、5G技术等的创新发展，这种包装以数字信息、数字信号作用于传输媒介，最终实现包装的多维展示，使智能控制的形式不断丰富。信息智能已经不能涵盖此类包装的所有特点，因此，我们将这种包装称为数字智能包装。

数字智能包装是指在包装中加入电子集成元件，融入云计算、大数据、物联网、VR/AR（虚拟现实/增强现实）等新兴数字信息技术，利用包装本体或与扩展硬件相配合，以增强包装的信息传达、管理控制、防伪安全、交互体验等功能（图2-2）。与信息型智能包装概念不同的是，人们在数字智能包装概念中加入了更多新兴技术的元素，并且不断汲取新出现的技术来扩充其内涵。而这些技术都与数字技术有关。

图2-2　AR数字智能包装——财富酒业生产的"19项罪行酒"包装

2.2　数字智能包装的技术

数字智能包装目前在包装中所应用的关键技术可归纳为三大类：智能包装驱动技术、智能包装展示技术和智能包装辅助技术。这三大类技术，原理不同，各有自身独特的优势，且不同技术间可以相互配合，用来实现和增强包装的智能功能。下面对这三大类技术进行介绍。

2.2.1　智能包装驱动技术

数字智能包装作为智能包装的一种类型，其功能效果是需要一系列技术作为驱动和支撑来实现的。数字智能包装所运用的驱动技术主要是传感器和识别技术，例如使用传感器技术感知周围环境的力、声、光、温度、湿度等，并将之转化为信息，再通过无线射频识别技术和条形码识别技术，对包装进行流通监控和溯源管理等。

2.2.2　智能包装展示技术

传统包装的展示功能及其效果，依赖自身的装潢与造型设计。但随着科学技术不断创新发展，人们已经能够利用新技术与多种展示形式结合的方法来进行包装的信息展示，例如，利用现实技术和虚拟现实技术等，实现包装信息的非物质化转移，也就是将包装信息以数字化展示，以脱离包装本体的限制。这种方式不仅丰富了包装的展示方式和展示效果，还能减少包装的印刷环节，从而实现包装的减量化和绿色化发展。

2.2.3　智能包装辅助技术

智能包装辅助技术是实现包装智能化的基础，是在包装上应用其他技术的辅助条件。这些辅助技术虽然没有直观地反映在包装上，但它们能辅助其他技术在包装上进行应用。辅助技术按实现功能来分主要包括 5G 移动互联网技术、物联网技术、印刷电子技术三大类。如使用 5G 移动互联网技术可以获取云端的包装数字信息，使用物联网技术能实现包装智能管理，使用印刷电子技术可大幅度降低传感器的生产成本，从而节约资源。

以上三大类辅助技术可综合运用，为包装带来可以预知的结果。从排列组合结果的角度来看，这涉及数字智能包装形式多样性的问题。数字智能包装的形式到底有多少种？人们难以给出一个准确的答案。简单理

解，三大类技术独自或交叉结合运用，似乎可以用 a、b、c 单独一列或者用交叉组合的方式多样排列得出不同的形式。其实不能单纯这样理解，每一类技术不仅有多种形式，而且有各自的技术特点，其组合方式不同，会具有不同的功能效果，所以，不能用数列方式得出具体有多少种。但我们根据目前数字技术能实现的功能效果，结合人们对包装的功能要求，可以将数字智能包装划分为以下五类：

①数字智能语音包装；

②数字智能发光包装；

③基于移动互联网技术的平台式包装；

④基于物联网技术的管控式包装；

⑤基于增强现实技术的展示型包装。

关于这五类数字智能包装的具体内涵、功能效果和目前的运用情况，下面作具体介绍。

2.3　数字智能语音包装

近年来，国内外包装设计界以视觉、听觉等多种感官信息接收作为出发点，初步尝试了对数字智能语音包装的理论探索与应用开发。包装语音功能的开发与实现，打破了传统包装仅从视觉角度传达商品信息的方式，同时也改写了包装行业"无声包装"的历史。

2.3.1　数字智能语音包装的定义、作用和功能

想要了解数字智能语音包装，首先要清楚其定义、作用和功能。

数字智能语音包装是指在包装中使用语音技术，使包装在具有基本功能的同时，通过语音技术来传达商品信息的一类新型的互动体验式包装。

语音技术应用到包装上有哪些作用？当然是满足

消费者需求，消费者的需求是和被包装的产品联系在一起的。语音具有准确性、清晰性、直接性，不仅可以告诉消费者被包装的产品是什么和使用时应该注意哪些物理功能方面的使用信息，在消费者精神需求方面，还是营造氛围、表达想法、进行交互的极佳方式。因此，数字智能语音包装在现有数字技术和经济成本的基础上，可以实现以下两种功能：

①智能语音警示导向功能。它主要是通过感应器和播放器的结合，实现包装在使用过程中的某些特殊功能，比如受潮提示、过重提示、高温提示、使用信息导向等。

②趣味性数字音乐娱乐功能。它主要是通过一些趣味性的音乐来实现包装的娱乐功能。比如儿童产品、情人礼品、音乐化妆首饰盒等。

图2-3　八音盒

图2-4　音乐贺卡

2.3.2　数字智能语音包装发展的五个阶段

在了解数字智能语音包装的概念后，我们可能会马上联想到，这种能发出声音的包装盒，似乎很早就出现了，因为在一些老电影中就出现过带音乐的首饰包装盒子。根据开发时间的先后顺序、发展历程的不同，数字智能语音包装的发展可归纳为以下五个阶段：

第一代人工半智能机械式音乐包装阶段。

这一代包装以类似老式发条钟表的机械弹力结构为动力，通过控制旋转发条的圈数决定音乐播放的时间。这类语音包装主要以音乐盒的形式呈现，亦称八音盒（图2-3）。世界上最早的八音盒是在1796年，由瑞士人安托·法布尔（A. Fabre）发明的。

第二代手动触碰式简易数字语音包装阶段。

20世纪80年代，随着音乐贺卡的出现，与其功能相类似的音乐包装也应运而生（图2-4）。这类音乐包装与第一代语音包装相比，主要在语音存储器上加以技术改进，以语音芯片来存储音乐，首次实现了包装语音的数字化。

第三代全智能多感应式语音包装阶段。

21世纪初，出现了采用多种感应技术来实现对智能语音包装的播放控制，例如光感应音乐包装，采用感光控制器播放音乐。目前应用在包装上的感应形式有温度感应、湿度感应、红外线感应、压力感应等（图2-5）。

图2-5　立顿牌热敏油墨技术的温度感应包装

第四代全智能多感应可录播式语音包装阶段。

这一代包装是近年出现的，它保留了第三代数字智能语音包装的感应方式，改进了第三代包装单一播放的特点，增设了互动环节，通过USB数据线传输音频或按键录音来切换音频资料（图2-6）。消费者可以根据自己的需求或者喜好来录制或传输音频内容。这类语音包装更重视包装结构、造型、图形、色彩、文字等各个方面的艺术表现，以期与包装所添音乐的艺术性、趣味性相吻合。

第五代全智能多感应可录播式语音可视化包装阶段。

这一代包装目前还处于待开发状态，在第四代数字智能语音包装的基础上，加入了柔性薄片显示屏，在播放语音的基础上添加了可视化功能，在进一步强化包装的互动性功能的同时，还更直观地将包装产品信息以动态的形式表现出来（图2-7）。

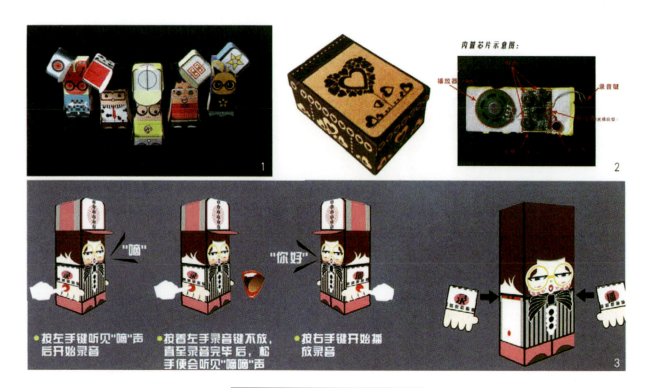

图 2-6　全智能多感应可录播式语音包装

点亮前　　　　　　　　　　　　　　　　　点亮后

图 2-7　CFD 柔性薄膜显示屏包装，又称全智能多感应可录播式语音可视化包装

2.3.3 数字智能语音包装的构成和工作原理

从数字智能语音包装的几个发展阶段所表现的特点和形式，我们可以归纳总结其构成和工作原理。

数字智能语音包装开发主要由四个部分来实现。第一部分是环境信息采集相关感应技术，第二部分是信息存储器，第三部分是语音信息播放器，第四部分是智能包装设计方案。

环境信息采集相关感应技术主要有光感应、温度感应、压力感应、红外线感应等技术，这些技术在运用过程中主要起到接收信息与执行命令作用。

信息存储器和语音信息播放器决定着语音之源的辨识度和发出语音的清晰度。信息存储器实际上是芯片，芯片既要微型化，又要存储容量大，体积大会限制很多小型包装无法使用，这是未来我们在设计研究过程中需要解决的问题。播放器与信息存储器同样是重要的器件，除对音质有要求以外，同样追求微型化。

理解清楚了技术、原理和器件以后，人们似乎觉得数字智能语音包装并不复杂，但拥有科技含量高的数字智能语音包装的决定性因素是方案设计。方案设计不仅要考虑到包装内部结构设计，同时还需要调和包装外部的造型、图形、文字、色彩等。从造型和结构上设计考虑，方案设计包括包装防护设计、外包装盒型或容器设计、包装开启方式设计、包装标志与图形文字的确定等。

2.3.4 数字智能语音包装存在的问题及应对方法

数字智能语音包装虽然已经历了五个发展阶段，正向新的发展阶段转变，但尚存以下几点问题：

①技术还不够成熟，不能达到高端智能技术与个体技术集成化；

②设计师对智能语音的认识欠深刻，导致设计形式和功能单一低端；

③智能语音元件的成本较高，且不同年龄层次消费者的接受度不同，使其宣传推广比较困难。

针对这些问题，我们从以下几方面进行应对：

首先，我们要对数字智能语音包装与产品一体化的理论展开研究并进行设计研发，充分利用其附加值提升产品竞争力。

其次，要加强对数字智能语音包装形式由单一化向多元化转型的理论研究，并努力探索基于包装与人之间的互动性设计的实际应用研发道路。

最后，应强化数字智能语音包装从技术型向艺术型转变的设计探索。只有巧妙地使语音内容实现艺术化形式与包装形式的合理结合，强调数字智能语音包装在人的情感上实现人文关怀诉求，这样才能赢得消费者的信任。

尽管数字智能语音包装短时间内难以普及，但其功能和传统包装相比有着自己的强大优势。因此，我们坚信数字智能语音包装一定是未来包装发展的趋势之一。

2.4 数字智能发光包装

数字智能发光包装又称智能发光包装，是指能在自然光与非自然光双重使用环境下，体现包装视觉效果的一类新型包装。该包装形式针对特殊人群、特殊领域具有特殊的功能。

要系统理解智能发光包装，必须掌握以下几个方面的内容：

①智能发光包装的概念、原理及特点；

②智能发光包装的特殊功能；

③智能发光包装设计涉及的关键性问题。

2.4.1 智能发光包装的概念、原理及特点

智能发光包装是在一定环境条件下能发光的包装，是指通过使用包装材料本身颜色与环境光颜色叠加后，产生多层次色彩来实现视觉效果。

其工作原理是采用数字感应器或者感应材料来触发发光源或发光材料的不同发光形式，从而实现包装警示与管控的特殊功能；同时，在包装物特殊使用场合中营造某种氛围，给使用者带来物理功能以外的精神愉悦感。

光线影响到一个物体的全貌，成为我们视觉体验的基本要素。光分为静态光和动态光两种。静态光能框定物体外轮廓、塑造形状、显现色彩和纹理；动态光能在双重光源环境中和动态的艺术表现形式上发挥自身的特性优势，营造梦幻般的情境。光的作用和特点运用到包装当中，对传统包装所不能满足需求的特殊人群、特殊环境、特殊产品具有很强的针对性。

2.4.2 智能发光包装的特殊功能

智能发光包装传达与表现形式的特殊性体现了传统包装所不能达到的功能价值和应用价值。具体表现如下：

（1）增强包装的安全警示与指示实用功能

智能发光包装主要通过光的颜色、频闪、造型等方式，实现包装在特殊环境中的一些特殊功能，从而对特殊人群起到安全警示和指示作用。例如老年药品发光包装，就是通过夜间荧光提示，甚至结合声控、光控等方式，利用光的颜色变化、频闪等形式，提示老年人快速找到药并准时吃药。另外，高速公路上的荧光指示牌，说明了发光警示的价值所在。

（2）增强包装的夜间视觉附加值展示功能

智能发光包装夜间附加值的展示设计，根据其特殊用途可分为两个方面：一是通过智能发光设计，在夜间体现品牌视觉形象，增加其附加值。例如市场上这款杜松子酒的包装（图2-8），就是运用光感应的原理，实现包装在没有自然光的情况下也能进行品牌展示。二是通过夜间发光包装的特殊娱乐功能体现其附加值。例如市面上的喜力智能啤酒瓶包装（图2-9），在人们互相碰瓶、举瓶畅饮、放下酒瓶、拿起酒瓶时都有不同光的交互效果出现。人们甚至可以通过远程控制，操纵啤酒瓶的灯光来配合音乐的节拍。

（3）增强包装的特殊领域应急功能

增强包装的应急功能，是特殊包装功能设计的一个重点。例如，公安、军队等进行搜索、营救任务时，如果投放的应急食品具有智能发光功能，不仅能方便人们在夜间看到，还能起到一定的指示作用（图2-10）。

除此之外，作为军事和户外等特殊用途的急救功能包装设计，对于特殊人群、特殊领域的需求来说，也

图2-8　发光的酒包装——孟买蓝宝石杜松子酒包装

图2-9　喜力智能啤酒瓶包装

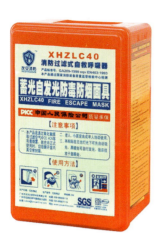

图 2-10　全发光夜光包装

图 2-11　可口可乐牌智能发光包装

存在着重要的研究价值。

2.4.3　智能发光包装设计涉及的关键性问题

智能发光技术所具有的特殊功能，将其运用到包装上，无疑是有价值、意义和必要的。关键是在包装设计中如何运用。实现智能发光包装设计的关键因素，在于在进行智能发光包装设计前，我们首先要对产品进行分析，了解产品的特性、实用人群和场合，确定人群的特殊需求，然后选择相应的发光包装形式进行设计。具体设计中，我们必须注意以下几个方面的问题：

第一，智能发光包装的光感应方式与发光时间点的巧妙与精确选择。

精确选择光的感应方式与发光时间点是发挥智能发光包装设计效果的关键环节。但各类光线的介入与影响，使光感应方式变得非常不稳定，因此，要加强对感应功能使用方法上的指导性设计。应在使用感应方式的同时摄入足够的光源，按时按点地计算出点与感应技术结合的光源的最佳发光时间。

第二，智能发光包装的艺术表现形式与包装销售、使用环境的巧妙结合。

包装的最终目的是满足消费者需求，促进商品销售。在销售过程中，智能发光包装所呈现出来的艺术效

果是传统包装不具有的。智能发光包装促使产品在外观上引人注目，在使用功能上也焕然一新，从而更加受到消费者的青睐（图 2-11）。

智能发光包装的艺术表现形式，在展现其艺术效果时，是与使用环境相互协调的。例如智能发光酒产品包装，因为材料的特殊性，必须放在特定的环境下才能实现其最佳价值。

第三，智能发光包装在发光与不发光双重环境下的适应性。

发光包装在发光与不发光双重环境下的适应性，是智能发光包装应具备的特性与功能。智能发光包装既可以在不被使用状态下节约资源，又可以在被需要时"高调亮相"。

实现智能发光包装设计的关键点是，我们需要在一些特殊领域进行探索式研究的同时，深入思考在传统包装所不能解决的问题中，是否可以采用智能发光包装设计，以及如何最大限度地发挥智能发光包装的价值。另外还要摸索出一条智能发光包装发展道路，考虑智能发光包装如何通过特殊形式更好地发挥人性化功能，如何更好地与未来智能城市进行对接，以及智能发光的标准如何制定等一系列的问题。这些都将决定智能发光包装未来的发展。希望学习和了解智能发光包装以后，学生能有针对性地思考和解决这些问题。

2.5 平台式包装

要掌握数字智能包装中的平台式包装，必须了解平台式包装的概念和优势、平台式包装发展的四个阶段，以及平台式包装的设计等内容。

2.5.1 平台式包装的概念和优势

"平台"这个词，今天并不会令我们感到陌生，其原意本来是指高于附近区域的平面，如景观观赏平台；后又引申为舞台，指人们进行交流、交易、学习的具有很强互动性的场所。但是随着网络的发展，互联网中也逐渐地形成了一个个网络空间，我们通常称之为网络平台。而应用这些网络平台，如 web 网页、app、线上商店和小程序等平台形式的包装，我们称之为平台式包装。

平台式包装是指消费者利用智能设备进行扫描或感应包装上的驱动符号，通过第三方信息交互平台，来提供更多商品信息与购物选择的一种交互式包装形式。平台式包装除具备包装基本的保护与运输功能外，还具有以下三个优势：

①扩展包装信息的展示空间，使包装的交互体验形态从原有的单一信息获取式，转变为多维空间沉浸式，实现信息传达载体从实体包装到非物质形态的转变；

②有效解决包装印刷污染、过度包装与包装循环回收等绿色安全问题；

③增强了包装的数字信息传达与多维交互的产品展现形式。

2.5.2 平台式包装发展的四个阶段

根据移动互联网以及第三方平台技术构成要素的差异性，平台式包装的发展可分为萌芽期、形成期、成熟期与裂变期四个阶段。

第一阶段为平台式包装的萌芽期。

2003 年，阿里巴巴集团旗下"淘宝网"的正式上线以及第三方支付平台"支付宝"的出现，使中国零售行业发生了革命性变化。电子商务、网上购物等通过网络交易的方式开始兴起。相关数据显示，到 2006 年，每天有近 900 万人出现在淘宝网上，促生了大量的线上订单。但是由于各线上商家经营时间较短，经营经验相对欠缺，当时的包装形式以销售包装加上单独的保护性外包装为主，实现包装的保护和运输功能，其详细信息主要依靠 PC 端详情页展示。这种"销售包装＋运输包装＋PC 端详情页"一体化的形式，取代了传统商场购物中包装"保护产品、方便储运和促进销售"的综合功能，实现了包装产品信息的线上平台化。虽然不能称之为真正的平台式包装，但是这种信息平台展示的形式，已经开启了平台式包装的新篇章，我们不妨称这一阶段为平台式包装的萌芽期。

第二阶段为平台式包装的形成期。

2009 年初，我国正式开放 3G 网络，随着计算机技术的逐渐成熟，再加上智能手机的出现与快速发展，移动互联网时代随之到来。掌上购物成为一种新时尚，线上购物的份额在零售行业中的占比也逐渐加大。很多传统的产品制造商开始针对线上购物，打造专门的品牌进行营销，同时开始了专门的标准化运输包装的应用。部分企业甚至针对线上销售包装进行了专门的设计，特别是在装饰功能上采取了简约风格和"零装饰"手法，舍弃了专门为"货架销售"服务的设计要素，从而减少了部分包装的印刷环节。这种"线上销售包装＋标准化运输包装＋移动购物平台"一体化的包装，与第一阶段的包装相比，更加绿色、环保，也具备了一定的专属性，实现了平台式包装的基本形式——以移动端载体为信息展示媒介，以专门的"线上销售包装＋标准化运输包装"为主的保护、运输载体的线上展示与线下运输分离相结合，我们称这一阶段为平台式包装的形成期。

第三阶段为平台式包装的成熟期。

2013 年 12 月 18 日，中国移动在广州宣布，将建成全球最大的 4G 网络。从此，中国进入了 4G 网络的时代。随着传输速率的加快以及网络带宽的扩大，人们在移动终端能够快速进行视频、动画等复杂媒体形式的展示，使包装的多维展示成为现实。很多企业开始建立专门的线上产品营销体系，采取了线上产品的品牌、包装、运营和销售一体化的整合营销手段。于是包装领域出现了具有独立功能体系的线上网购包装和线下实体产品包装两种形式。

线上网购包装从传统销售包装外部包裹几层运输缓冲材料的形式，转变成线上非物质产品信息展示、销售、保护、运输等多功能一体化的独立包装体系，出现了真正的平台式包装。其主要形式包含"线上网购包装 + 移动购物平台"和"线上网购包装 + 移动展示平台"。此时的"线上网购包装"依靠独立的包装形式具备了审美、运输与保护功能，而"移动展示平台"在替代传统销售包装静态展示功能的同时，增加了产品附加值和货架销售的创新功能。这种包装形式目前虽然还未普及，但是其因具有高附加值和低物料成本的优势而成为未来网购包装的主导形式。

第四阶段为平台式包装的裂变期。

随着共享经济的发展，使用体验被人们重视，可持续性取代消费主义，交换价值被共享价值取代。因此，作为能够大幅度增加个体包装使用次数、降低单个包装使用成本的一种减量包装模式——共享包装，随之出现。这种共享包装模式的整体解决方案，便是平台式包装未来的一种发展趋势，我们称这一阶段为平台式包装的裂变期。这个时期的平台式包装将呈现出"共享包装 + 小程序多功能平台"的模式。

在环境、资源问题日益严峻的今天，共享包装的出现是必然的，但是，目前市面上出现的所谓共享包装，其共享模式以及应用模式如何却是企业一直未能解决的瓶颈性问题。

平台式包装与小程序的结合将成为未来包装共享

模式的一种完美解决方案。因为虽然目前的平台式包装已经具有一定的成本优势，但是第三方 app 平台的制作以及用户下载 app 的外加环节，一直以来成为平台式包装发展的瓶颈；同时，小程序这种轻便快捷又具有巨大用户载体的第三方平台的出现，省略了独立 app 的加载环节，为消费者的使用带来了许多便利。

平台式包装的出现和发展演变进程，可以用"神速"两个字来形容。我们要如何积极去适应并参与其中，这是接下来需要仔细思考的问题。

2.5.3　平台式包装的设计

针对平台式包装演变速度极快的情况，人们产生了一个疑问：有哪些原因导致平台式包装不断迭代变化？某一现象形成的原因固然很多，但可以肯定的是，对平台式包装来说，信息技术的飞速发展在其中起着决定性的作用。正因为如此，要进行平台式包装设计，必须建立在对信息技术了解的基础上。

从平台式包装的概念及发展的四个阶段可知，平台式包装整合了不同学科的新理论、新技术，这就决定了平台式包装的设计方式与传统包装存在巨大的差异，其设计内容主要包括平台式包装的实体设计、驱动形式设计和非物质内容设计。

首先，关于平台式包装的实体设计。平台式包装实体作为非物质内容传递的入口，在包装装潢方面，可遵循减量化的设计原则，部分平台式包装无须进行大面积的印刷，只需考量驱动符号与包装实体之间的美化关系即可。同时在设计时需要注意对包装中的驱动符号进行图形化的引导，避免消费者产生认知偏差。

在材料选择上要遵循绿色、环保与易降解的原则，使平台式包装具有生态化的特点；在包装结构上需改善商品包装的利用率，循环利用资源，尽可能地减少包装物的浪费与损耗，积极采用低成本和绿色生产技术，发展低重量、高强度同时又具有多功能的包装。

其次，关于平台式包装的驱动形式设计。从平台式包装的概念来看，这种包装形式需要将包装实体与信息平台进行关联，从而形成统一的体系，因此需要有中间纽带作为两者连接的驱动。其驱动形式根据平台式包装的应用场景不同，可分为芯片驱动、传感器驱动、识别码驱动和图形符号驱动。

芯片驱动的主要技术包括 RFID 与 NFC。其原理是在包装实体上加入智能标签，记录包装的信息，从而实现商品管控、防伪验证和产品溯源等扩展功能。

传感器驱动主要是指通过使用数字传感器、生物传感器和热敏、温敏、湿敏等特殊功能材料，对周边环境进行选择性判断，从而实现对包装的可控性驱动。

识别码驱动和图形符号驱动是指将特定的符号以识别码或图形符号的形式进行定制，并通过扫码的方式，对所需要的内容进行选择性提取。但是两者由于原理的差异性，使用环境各不相同。识别码可以实现一物一码识别，对每个独立包装实现个性化内容提取；而图形符号驱动在包装领域中，一般被用作 AR/MR（增强现实 / 混合现实）包装的内容提取条件。

在平台式包装设计中，驱动形式的设计一般包含以下几个步骤：首先是驱动器的选择，主要是针对包装的功能，选择合适的驱动形式；其次是对驱动条件的设计，主要是根据包装在互动过程中的需要，巧妙设计驱动条件；最后是对驱动形式的设计，主要是根据包装形式的需求，策划巧妙的驱动形式。

最后，关于平台式包装的非物质内容设计。平台式包装通过非物质内容的设计，传达包装产品的基本信息，扩展包装的特殊功能，以满足人们对包装实用性与艺术性的需要。

为此，按照包装内容传达的需要，平台式包装的设计可分为包装和音频的结合、包装和视频（动画）的结合、包装和交互的结合、包装和购物平台的结合等多种手段的融合设计，从而实现包装的多维展示、娱乐和便携支付等功能，进而提升产品附加值。这种融合设计的形式、优势和最佳应用领域，我们可以从下文中了解到。

包装与音频的结合主要包括两种形式。

第一种是包装与警示型音频的结合。警示型音频起到的作用是提醒消费者安全使用产品或对产品进行语音导向提示，常用于药品包装、食品包装和空投包装。

第二种是包装与娱乐型音频的结合。此类包装通过消费者听觉感官传递包装信息，从而达到趣味性的效果，大多应用于可互动性食品包装、儿童玩具包装或是节日礼品包装。

图 2-12 所示是深圳市看见文化传播有限公司推出的一款新年红包包装。人们通过智能手机扫描包装上的识别码，即可进入录制音频祝福的页面。此时的红包不仅实现了自身的功能价值，还具备情感属性，让包装成为传递情感的媒介。

包装与视频（动画）的结合，根据不同的使用场景或产品需求，也可分为两种形式。

一是通过视频实现产品复杂功能的全过程演示，替代了传统包装中的使用说明书。如自组装的家具、儿童玩具或者置人体内使用的药品，由于操作过程较为复杂，普通的纸质说明书不能清晰地表达使用步骤，此时视频（动画）演示成为展示操作过程的最佳手段。

二是通过视频演示产品的制作及配送流程，向消费者呈现产品质量的同时，也对企业的品牌文化起到良好的推广作用，主要应用于绿色食品与安全药品两大板块。

包装与交互的结合是指在包装中加入能产生交互的设计元素，让用户在使用产品与观察产品信息的同时，可以增加多维体验，让包装与用户之间产生联系。

图 2-12　TOPYS 红包包装

包装与交互的结合形式同样可分为两种。一种是人们可以通过线下手工的形式，结合包装所提供的交互方式，以折叠或者切割等形式进行包装的二次利用。另一种属于平台式包装，用户在拿到商品之前，便可以在移动端进行与商品的交互体验，多维度地了解产品实物的信息。这种类型在玩具包装、礼品包装中被广泛应用。例如乐高公司推出的一款 LEGO AR Playgrounds 的 AR 程序（图 2-13），通过 AR 技术将乐高玩具和现实场景进行融合，不仅可以在平台中三维地观察产品信息，而且可以对产品进行动态交互的操作，这成为品牌营销与市场推广的有效手段。

包装与购物平台的结合，是指包装在已有的产品信息展示的基础上，融入自营的购物平台，或者是第三方购物平台，让包装赋予产品更多的商业附加值。目前市场上包装与购物平台的结合形式，主要是把二维码技术或者是 AR 技术应用在包装上，通过移动设备扫码与 AR 扫描功能，将移动端口的流量引至平台，让用户获取更多的产品信息，并直接在手机移动终端进行购买。

例如，江小白品牌推出的定制酒，人们通过手机扫描酒瓶包装上的二维码，可进入江小白私人定制小程序平台，在平台中设计属于自己的包装形式并进行购买（图 2-14）。

在现有理念和技术条件支持下，人们实现了平台式包装设计的原理、路径、主要方式，同时也发现了应注意的问题。相信随着技术的进步，生产、生活方式的变革，平台式包装设计还会涌现出更多新形式。

图 2-13　LEGO AR Playgrounds 的 AR 程序

图 2-14　江小白定制酒瓶包装

Q&A:

2.6　管控式包装

自 5G 技术出现，再到正式运营以来，物联网技术再度成为公众热议的话题。从目前 5G 技术应用的情况看，自动驾驶、智能家居设备、智能交通灯系统已经彻底颠覆了我们的思维和观念。但这只是冰山一角，未来随着 5G 技术普及到生产、生活中的各个领域、各个方面，人们的生活会更加科学化、智能化。包装自然也不例外，其中一个突出的方面就是管控式包装。

物联网技术可以辅助设备自发地进行数据处理和管理控制，是将人与物、物与物联系起来的无形的纽带。正是因为它的这种巨大的应用优势和广阔的应用领域，物联网也被称为继计算机、互联网之后的第三次信息产业浪潮，可以说是信息领域的一次重大变革，已经成为智能硬件产业的基础。

那么，这种技术如何应用在包装上？能给包装带来什么样的新变化？又将为人们体验包装的使用提供哪些新的方式？带着这些问题，我们一起进入基于物联网技术的管控式包装的学习。

2.6.1　基于物联网技术的管控式包装的概念

从这种包装形式的命名上看，一是主要应用了物联网技术，二是可以实现包装的管理和控制。为了充分认识这种包装形式，我们要清楚物联网技术和管控式包装究竟是什么。下面先来一起认识物联网技术。

2005 年，在突尼斯举行的信息社会世界峰会（WSIS）上，由国际电信联盟发布的《ITU 互联网报告 2005：物联网》正式提出了物联网的概念（internet of things），并指出物联网可以帮助我们身边的任何产品通过互联网自主地进行信息交换，实现互联互通的功能。

当前的物联网已经能够将各种信息传感设备互联互通，如射频识别装置、红外感应器、全球定位系统、激光扫描器等科技装置与互联网结合起来形成一个巨大

网络。物联网技术已经超越了短距离间的信息感知、信息传送和智能控制处理。结合大数据、云计算以后，它不仅能实现产品与人之间、产品与产品之间远程的互联互通，还能实现产品智能的自我控制功能，成为建设智慧未来的关键技术。

智能管控式包装能和物联网技术很好地结合在一起，给人们生产、生活方式带来全新的体验。所谓智能管控式包装，是建立在智能化包装技术基础上，主要以提升产品安全、提高操作效率和操作标准为目标，以产品质量、数量和使用者行为规范为主要管控内容，使包装在流通和使用过程中更加安全、高效和便捷的一种包装形式。就像我们常见的自动出签的牙签盒包装（图2-15），每次按压都会弹出一根牙签，这就属于利用包装结构对产品数量进行控制的典型的管控式包装。

管控式包装最主要的功能是实现管理包装信息和控制包装使用。随着数字信息技术的加入，特别是物联网技术，它的功能将不止于此。由于管控式包装的功能特点与物联网技术的优势相辅相成，两者结合起来能够加强包装的管控功能，从而实现包装的智能化管控效果，如信息的交换和传输、产品的智能控制等。这也使

图 2-15　瑞沃智能感应牙签盒包装

物联网技术成为发展人工智能包装的一种必要技术条件。

基于物联网技术的管控式包装是指在物联网、大数据、云计算等多种技术集成的基础上，通过信息传感设备将包装和互联网连接起来，进行信息交换和通信，实现包装在存储、运输、销售以及使用过程中能够进行人为管理与控制，或者按照人为设定的模式自动进行监控和管理的一类新型包装形式。

2.6.2 物联网管控式包装的类别

事实上，物联网出现以后，物联网管控式包装就产生了。在日常生活中，在超市常见的贴在衣服、日化用品等包装上的条状标签，通常是 RFID 标签，能够帮助超市员工很方便、快捷地进行货物管理和信息控制（图2-16）。当然，这种包装属于物联网管控式包装的一种形式。按照发展的先后顺序，使用的主要模块和对大数据的需求，物联网管控式包装还有其他的形式。

上面提到的利用 RFID 或者 NFC 标签的包装形式，就属于射频式短距离管控包装，它能够实现包装溯源、产品防伪和储运管理等功能。除此之外，还有无线远程操控式包装，能够通过无线通信模块和传感器相互配合实现人为的远程操控，若是再加上大数据、云计算配套服务，便能够实现人为操控或者机器的自动智能控制，这便是基于大数据的物联网管控式包装。

图 2-16　RFID 标签在零售业的应用场景

无论哪种形式的智能管控式包装，都是为了方便商品储藏、运输和销售，是节省人力，高效、精准管理商品流通的最佳方式，可见其具有良好的应用前景。

2.6.3 物联网管控式包装的三种应用形式

我们学习了基于物联网技术的管控式包装的概念、物联网管控式包装的类别，这里我们进一步学习物联网管控式包装的主要应用形式，以此了解和掌握物联网管控式包装的设计要领。

当前物联网管控式包装主要有三种应用形式，分别是射频式短距离管控包装、无线远程操控式包装、基于大数据的智能管控包装。

这三种物联网管控式包装因在使用模块上存在差异，故其功能有各自的侧重点，下面对每种应用形式的功能特点和实现原理进行介绍。

（1）射频式短距离管控包装

射频式短距离管控包装是建立在物联网技术基础上的一种包装形式。此类包装以射频式标签为信息载体，在一定范围内，通过电子标签和传感器上传信息，并将之存储到设备或系统中，以此对物品的信息进行相应的储存、分析和处理，从而实现包装的短距离管理和控制。

射频式短距离管控包装通常使用 RFID 和 NFC 两种智能标签。作为功能模块，在前面的学习中，我们已经理解了 RFID 和 NFC 标签的技术原理和功能特点，两者都可以通过特定的阅读器实现信息识别和数据处理分析。受距离因素限制，两者的信息传输距离较短，NFC 距离通常更短，因此其使用有一定的局限性。

RFID 标签通常应用在包装上以记录一件包装物从生产离厂到最后流通销售整个过程的一系列信息，方便企业和仓储管理人员对其进行跟踪、监控、管理的操作（图2-17）。

NFC 标签除上述应用途径以外，还因为使用的方便性，在消费市场有着更加广阔的应用前景。我们不妨拿一款使用 NFC 标签的酒包装为例，该酒瓶使用附在

图 2-17　供应链物流 RFID 的应用

图 2-18　芯片防伪 NFC 标签

酒瓶瓶颈处的柔性 NFC 标签连接瓶口和瓶身，瓶盖打开则会撕裂标签，仓储管理人员可以使用 NFC 读取器检查瓶子上的标签，从而确定酒瓶的密封性，以此作为一种防窃启或防伪的手段（图 2-18）。当酒瓶到达消费者手中时，消费者还能使用与标签配对的具有 NFC 功能的智能手机进行防伪验证，以获取产品的促销优惠和独家内容等信息。

这种利用 RFID 和 NFC 标签的包装形式目前较多，我们可以有意识地去深入了解。

（2）无线远程操控式包装

无线远程操控式包装是利用无线通信技术和物联网技术，使用户在使用智能终端发出指令时对包装进行远程操控的一类包装形式。从命名来看，这种包装形式能够实现包装的远程操作与控制，弥补了射频式短距离管控包装的缺点。

随着无线通信技术和智能手机的发展，实现包装的无线远程操控，并不像我们想象的那样遥不可及。

首先，通过将 Wi-Fi、蓝牙、红外线或蜂窝网络等通信方式的电子集成元件安装在包装上，包装就能具有与智能终端进行无线通信和信息交换的能力（图 2-19）。

其次，包装还需配备一定的传感器，生成并存储各项数据信息。

此外，为了实现包装的某些动作行为；如实现包装的发光、发声开启或关闭等，还需要通过一定的结构设计和发光、发声的硬件配合。

最后，通过使用智能手机等终端发出操作指令，包装接收信息并对信息进行处理，完成需要的动作后将结果反馈至用户。

此类包装能够实现一定程度上的远程操控，这样就可以解决很多因时间、距离限制对包装操作不便的问题。特别是 5G 时代拥有良好的网络环境，方便这种包装形式进行快速的信息传输与交换处理，使得包装响应速度更快、使用效率更高。

（3）基于大数据的智能管控包装

基于大数据的智能管控包装，是物联网管控式包装的第三种应用形式，指在无线远程操控式包装的基础上，融入大数据和云计算技术，使得包装具有自我管理和控制的功能。

从应用层面来看，大数据给我们的日常生活带来了一些便利。比如购物网站，根据客户以往的搜索和交易记录，向客户推送其感兴趣的商品；又如音乐播放软件

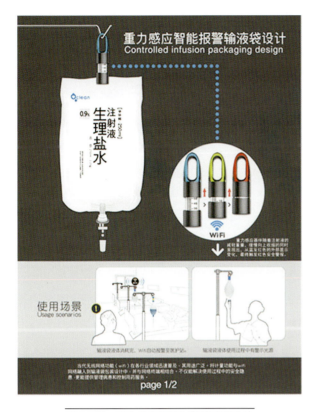

图2-19　重力感应智能报警输液袋设计

分析，从而帮助我们得到更有价值的信息。

大数据、云计算技术的发展为物联网管控式包装注入了新的血液，此类包装能够通过传感器和数据分析电子元件，把得到的信息传送至云服务平台。人们使用大数据、云计算技术推算最优化的操作方案，并将信号反馈给包装，以实现对包装的自动化操作。

相比其他物联网管控式包装，使用大数据的智能管控包装最大的优势就是它可以不受人为干预，并自主地控制包装。这种控制是一种在进行数据分析之后，由系统推算出最优、最简单、最有益的，并能够直接作用于包装的控制方式，已经接近人工智能包装的基本形态。

从以上介绍的三种物联网技术下的管控式包装，我们可以感受到，数字智能在提升包装产业链效率、加快包装管理自动化以及使用智能化方面具有较大优势。特别是结合大数据与云计算技术之后的包装形式，成为未来人工智能包装的雏形。随着技术的进步以及成本的降低，尤其是当前5G网络等基础条件的进一步完善和应用，基于物联网技术的具有巨大优势的管控式包装，必定有着广泛的应用前景。

会根据大家搜索歌曲的类型，在后台生成推荐歌单；等等。可见，大数据在充分利用计算机互联网信息技术的基础上，能够对大规模的数据进行获取、管理和智能化

2.7　AR包装

看过科幻电影《头号玩家》的同学，相信都会被电影中虚拟现实技术在游戏行业的应用所震撼，那种完全沉浸式的观影体验，仿佛将人们带入了另一个世界。电影中的男主角身穿一套价格不菲的知觉模拟装备，同样，在现实生活中，体验虚拟现实技术的成本也还比较昂贵。由虚拟现实技术发展而来的增强现实（AR）技术因其使用门槛较低，并且同样能够使人获得新奇的交互体验，在近几年快速发展起来。

增强现实技术的优势在于将真实世界与数字虚拟世界融入同一个界面，在增强展示效果的同时，提升信息获取的效率和趣味性，并且能够进行功能拓展，从而使用户获得超越现实的新奇体验。

这种技术优势能为包装带来什么？它又是如何与包装结合的呢？这就是数字智能包装的另外一种形式——基于增强现实技术的交互式包装。

2.7.1　增强现实技术的概念

增强现实技术即 AR 技术，最早提出于 1990 年，目前有两种被广泛认可的定义。

一是 1994 年保罗·米尔格拉姆（Paul Milgram）等人提出的"虚拟现实连续体"，他们用增强现实指代利用虚拟对象（计算机图形）"增强"真实环境的情况。

二是 1997 年罗纳德·阿祖玛（Ronald Azuma）将增强现实定义为能够连接现实和虚拟环境并进行实时交互的三维空间注册系统。

目前，增强现实技术可以将计算机生成的图像、声音、影片、虚拟物体或场景叠加到真实环境中，从而增强人们对现实环境的体验。

随着移动智能终端硬件性能的不断提升，这些硬件设备对于信息处理和虚拟三维场景的计算能力也获得了长足的发展，加上 5G 网络的商用，以及无线网络的普及，智能终端能够快速获取并加载三维模型与虚拟场景。可见强大的硬件支撑和良好的网络环境，为增强现实技术在包装及其他领域的应用奠定了良好的基础。

2.7.2　AR 包装的功能特点

从增强现实技术的特性来看，在形式上它可以将包装及产品实现从二维平面到三维立体的转变，在信息容量上使包装可承载的信息更多，在操作体验上使包装更具互动性和趣味性，还可以提供产品相关的拓展服务，从而加深消费者对产品的了解。归纳起来，AR 包装的功能特性主要集中在以下三个方面：

一是提供包装的多维展示方式；

二是提升包装导购促销的效果；

三是提供一定的教育和娱乐功能。

首先，关于包装的多维展示方式，我们当前的许多包装形式，主要是依靠包装上的文字、图像或外观造型等展示商品和传递信息，这种静态的信息传递方式不仅效率较低，并且信息容量也容易受到外包装大小和结构的限制。

然而，当我们将增强现实技术应用于包装时，便能通过三维立体展示、动画演示等形式，或结合音频、视频等多种方式，来展示包装及产品，达到增强包装展示效果和提升商品信息传递效率的目的。

这种方式脱离了包装实体本身的限制，通过智能手机扫描识别对应的包装区域，即可获取三维展示的包装信息。可见这种新颖的技术拓展了包装的信息传达方式和能力，同时也改变了消费者与包装的交互行为。

其次，关于提升包装导购促销的效果，包装的图像信息相比文字信息更具吸引力。那么，AR 包装更是将二维的图像转化为视频、三维动画或立体模型等形式，这种动态的信息传递方式无疑更能吸引消费者的眼球，自然能够达到促进销售的效果。

如澳大利亚麦当劳推出一款基于增强现实技术和位置服务的手机应用软件，消费者使用该应用软件扫描食品包装即可在手机上获得基于位置的产品信息。消费者点击选择，即可观看以三维动画展现的食物生产及制作的全过程。通过这样的过程展示，消费者就会知道食物是安全的，从而放心食用。可见 AR 包装不仅能够打破静态包装信息传递的局限性，还能通过动态的趣味展示提升消费者对品牌的认知度（图 2-20）。

最后，AR 包装的第三个功能特点便是能够实现娱乐功能，使包装使用体验更加有趣。

我们不妨以 2016 年可口可乐公司与声田音乐流媒体服务提供商在加拿大联合推出的一款个性化的可口可乐 AR 包装为例。消费者可以用智能手机扫描瓶身，进入预设的增强现实播放器界面，再通过扭转瓶子进行播放、暂停和选择歌曲。消费者在喝可口可乐时，就能欣赏到自己喜欢的音乐。这款包装一经推出，便使得可口可乐饮品采购量大幅增加，同时也增加了音乐服务提供商的订阅用户，可以说是一个成功的双赢案例（图 2-21）。

不仅如此，增强现实技术还能够以娱乐的方式实现教育功能。例如包装能够以儿童喜欢的小游戏、动画演示、三维场景及模型的动态效果等形式，吸引儿

图 2-20　澳大利亚麦当劳 AR 技术 app 应用软件

图 2-21　可口可乐与声田的音乐 AR 包装

童的注意力，并在其中加入教育元素，以达到辅助教育的目的。

通过前面的分析，学生课后不妨设想一个使用增强现实技术的儿童安全药品包装方案，采用医生的三维动画形象，向儿童说明药品的特殊性与危险性，通过趣味的动画演示教育儿童正确认识和使用药品，相信会很受欢迎的。

AR 包装所具备的上述功能特点，能够解决当前包装存在的信息传递形式单一、信息承载容量有限等问题，同时还可以增强包装的展示效果，提升人与包装的交互体验。接下来让我们了解 AR 包装的设计流程，以及需要注意的各方面问题。

2.7.3　AR 包装的设计流程

目前在包装上应用的增强现实技术，大多是将静态平面图像作为识别标记，其技术原理一般是利用图像识别技术，将摄像头捕捉到的图像特征点与预设的图像特征进行比对，如果符合，则通过三维渲染引擎实时渲染三维虚拟场景，并利用三维注册技术和跟踪定位技术等多项技术，结合陀螺仪等传感器，将虚拟场景叠加到真实场景中，并最终呈现在用户的终端屏幕上。

增强现实技术的实现过程虽然较为复杂，但好消息是当前已有很多增强现实平台具备帮助企业简化操作步骤、更快实现相关需求的能力，因此这里主要从包装设计的角度探讨实现增强现实效果的设计流程。

第一步，选择要使用的 AR 效果。增强现实技术的展示效果，可以通过多种方式实现，因为每种效果的成本和表现能力不同，设计师在设计 AR 包装时，就需要针对设计的产品和目标需求选择合适的 AR 效果。当然还包括用户交互界面的设计、操作方式的设计以及展示内容的设计（如三维模型的设计和动画、视频的设计等），即整个 AR 效果体验过程的设计。

第二步，AR 效果的设计实现。在包装上应用的增强现实技术，通常是有识别标记的，因此在设计 AR 包装时，设计师可选择商标或者有代表性的图像符号作为识别标记，以实现包装信息的调用；之后将 AR 效果与识别标记进行匹配，使消费者在扫描识别标记后，能够在消费者的终端屏幕上呈现预设的 AR 效果；最后，整个方案测试完善之后，即可在平台上进行发布操作。

第三步，提供额外的增值服务。前两步已经基本完成 AR 包装的设计工作，但企业也可以在 AR 界面提供额外的增值服务，抵销应用增强现实技术带来的成本提升。目前增值服务的主要探索方向是娱乐功能和拓展实用服务的支持，比如药品领域的 AR 包装可以增加医生问询服务，食品包装可以添加娱乐性强的游戏竞赛等方式，以提升包装的增值体验。

2.7.4 AR 包装的设计应用原则

（1）选择性设计原则

AR 包装的界面设计，需要注重包装信息的传达方式与技巧，其展示的信息通常是有选择性的。在增强现实交互环境中，为了保证用户体验的流畅性，交互元素不宜过多与复杂，过多的内容会增加用户获取虚拟模型和虚拟环境的时间，还会使虚拟场景与现实场景叠加的运算量增大，降低用户的体验效果。因此，通常大量文本信息以及消费者较少关注的信息，要避免采用增强现实技术展示，这样一方面可以减少对包装三维模型和场景设计的人力、物力和资本投入，另一方面还能使 AR 包装交互界面重点突出、层次分明，使包装信息得以有序、高效地传递出去。

（2）动态交互性设计原则

AR 包装最大的优势在于：不再受限于传统包装的印刷信息，改变传统包装静态的信息传递和互动方式。因此在包装上应用增强现实技术时，尤其要注重动态交互设计，如交互界面的视觉设计、视频动画的设计、交互方式的设计等，从而以更加高效的方式传递包装信息。AR 包装的这种动态交互性，能够在增进人与包装交流的同时，加深用户对品牌的认知度，提升用户对产品的使用体验，更有利于企业品牌形象的塑造。

（3）趣味性设计原则

趣味性是 AR 包装的显著特征，对于技术驱动型的年轻购买者来说，趣味性的增加，会更有利于吸引该群体对产品的关注，提升购买欲，特别是对儿童群体，将表现得尤为强烈。若能在保证趣味性的同时加入教育元素，还能实现儿童包装的益智功能，达到寓教于乐的效果。不仅如此，注重 AR 包装的趣味性设计，能增强包装与人的情感交流，延长包装的使用寿命。

（4）便利性设计原则

设计师应尽可能优化 app 的交互界面，以及人、虚拟模型和场景之间的交互方式。如 AR 界面可采用折叠式设计，消费者可选择感兴趣的信息查看。总之，AR 界面要尽量做到简洁、清晰，不然会陷入传统包装信息繁杂的状态，丧失技术优势。

从上述所讲，我们可以得知，增强现实技术在包装上的应用，不仅创新了包装形式，还实现了包装功能的多元化、包装信息展示的多维度和趣味性，这种独特的虚拟与现实跨界体验方式，给消费者带来更多的新鲜感和包装交互体验上的提升。增强现实技术与包装的结合必然会打破原有的包装设计的惯性思维，因此，这种新型包装需要设计师结合其技术特性和设计原则做出创新性改变，以更好地利用此技术，优化人与包装的交互体验。

3

材料智能包装

Intelligent Packaging Design

材料是包装的物质基础，离开材料谈包装，无异于画饼充饥。在以往的社会发展中，材料的发展推动了包装行业的发展。

3.1 包装材料的发展

包装的出现与人类的起源同步，早在原始社会，人们就开始使用植物叶子、贝壳、兽皮等包裹、盛装和捆扎食物，这是最早的包装；当人们掌握烧制、编织和冶炼技术之后，出现了陶器、竹篓、青铜器等包装容器；再随着纺织、造纸、金属冶炼和玻璃容器成型工艺技术的发展，包装材料和包装形式也越来越多样化；直到 20 世纪初美国化学家利奥·贝克兰（Leo Baekeland，图 3-1）把苯酚和甲醛放在一起加热，得到了完全由人工合成的高分子酚醛树脂，从此拉开了人类应用合成高分子材料的序幕。

图 3-1 利奥·贝克兰

图 3-2　智能调光玻璃

20 世纪 30 年代以后，聚氯乙烯、聚乙烯、聚丙烯和聚酯等塑料，开始应用于包装材料领域，使得塑料成为现代包装工业的支柱材料之一。现阶段，包装材料发展总的趋势是复合化、精细化、高性能化、多功能化和智能化。其中，材料具有的性能、功能和智能是人们既熟悉又容易混淆的概念。我们结合实例，对材料的性能、功能和智能的概念进行区分。

材料性能是指材料对外部作用的抵抗特性。例如，教室的玻璃，可以让阳光透进来，使房间通透明亮。玻璃具有的透光性就是一种性能。

功能是从外部向材料输入一种信号，材料内部发生质和量的变化，而输出另一种信号的特性。比如，用于建筑物外墙的热反射玻璃，受到阳光照射时，可以有效地反射太阳光线，使室内的人感到清凉舒适。那么，热反射就是玻璃具有的一种功能。

而智能则是一切生命体皆具备的对外界刺激的反应能力。以在影视剧中经常见到的智能调光玻璃（图3-2）为例，它能够通过调光膜实现透明与不透明状态之间的快速切换，当通电时，玻璃就会变成透明状，人们可以清楚地看到玻璃后面的情况；而当电源关闭时，玻璃整体就会雾化变浑浊。这就是一种智能。

从材料具有的一般性能到功能再到智能的发展过程来看，其实不难发现材料变得越来越"聪明"了。

3.1.1　智能材料的定义

智能材料的定义出现于 20 世纪 80 年代，是指集感知、驱动和信息处理于一体，形成类似生物材料那样具有智能属性的一类材料，因而人们习惯称之为 intelligent material 或是 smart material。但这并不意味着智能材料出现得很晚。早在 1880 年，法国物理学家居里兄弟就发现当把重物放在石英晶体上时，晶体的表面会产生电荷，电荷量与压力成比例。人们利用压电材料的这些特性可以实现机械振动和交流电的互相转换，例如，打火机的点火装置，就是由压电陶瓷的尖端处受到压力产生放电，这就是智能材料较早的应用。

材料智能包装的出现，始于智能材料在包装领域的初步应用。智能包装是指利用新型包装材料、结构、形式对商品的质量和流通安全进行积极干预与保障的一种包装形式。"智能包装"概念出现后，"材料智能包装"的概念也被提出来了。

3.1.2　材料智能包装

材料智能包装是指通过应用一种或者多种具有特殊功能的新型智能包装材料，改善和增加包装的功能，以达到和完成某种特定目的的一类新型智能包装。智能包装材料的组成既包括智能主体包装材料，也包括智能油墨、智能涂料和智能胶黏剂等辅助包装材料。

材料智能包装的设计思路是通过寻找并建立材料智能性与包装对象具有的质量、生命周期之间的关系，再结合多变的艺术表现形式，使材料智能包装不仅具有展示销售、保鲜提醒、商品防伪和安全防护的功能，也能够与消费者之间产生沟通和互动，从而带给消费者更多的精神愉悦感。

材料智能包装是一种以材料为基础的智能包装形式。目前应用于材料智能包装领域的材料有变色材料、发光材料、活性材料、水凝胶材料、自清洁材料和形状记忆材料等。依据材料的原理和功能特征的不同，我们将材料智能包装分为变色材料智能包装、发光材料智能包装、活性材料智能包装和其他材料智能包装。

3.2 变色材料智能包装

在形形色色的材料智能包装类别中，我们先要学习和了解的是变色材料包装。

说到自然界中的变色高手，大家会不约而同地想到变色龙，常常被它"善变"的外表所吸引。变色龙，学名避役，它的肤色会随着背景、温度和心情的变化而改变，从而达到保护自己的目的（图3-3）。包装界的"变色龙"，就是变色材料包装。

变色材料包装是指在包装上应用变色材料，使包装在受到光、电、温度、压力以及化学环境等特定外界激发源作用时，通过颜色变化作出反馈，从而实现包装的图案显示、信息记录、警示提醒、美化装饰、防伪安全和互动娱乐等功能。

目前，已有的变色材料包装主要有光敏变色包装、温敏变色包装和气敏变色包装。不同类型的变色材料包装具有不同的变色原理、功能特征和应用领域。

3.2.1 光敏变色包装

光敏变色包装的关键，是在材料上使用了光敏变色材料。光敏变色材料是指在一种特定波长的激发光照射下，随着吸收光谱的变化，材料的颜色或者光的吸收特性也发生动态变化，并且颜色能够发生可逆变化的物质。

我们通过下面两个具体实例来了解光敏变色包装的特殊表现。

大家都知道紫外线会对人们的皮肤造成伤害，会加速皮肤的衰老，因此对于夏季外出或是去海边度假的人们来说，了解紫外线的强度是一件非常重要的事情。但是，紫外线属于不可见光，人们无法通过肉眼来判断紫外线的强弱，所以大家平时在选择和涂抹防晒霜的时候，带有很大的盲目性。

为了解决这一难题，知名专业防晒品牌蓝蜥蜴发明了一款智能变色防晒霜包装瓶，来帮助大家随时随地检测紫外线的强弱（图3-4）。这款智能变色防晒霜包装瓶采用遇紫外线变色的技术，瓶身或者瓶盖能够根据紫外线的强弱变换颜色。紫外线越强，瓶身或者瓶盖的颜色就会越深。所以，在每天出门之前，大家可以先使用智能变色防晒霜包装瓶测试户外环境紫外线的强弱，再根据变色包装的颜色变化提示，涂抹具有合适防晒指数的防晒霜，这样就能尽情享受明媚的阳光。

如图3-5，这是被形容为"世界上第一款采用了太阳光致变色油墨技术的啤酒罐"包装。2017年，美国第二大啤酒制造商摩森康胜啤酒公司旗下最著名的银子弹啤酒品牌，推出了全球首款能被阳光激活的变色啤酒罐。当消费者把啤酒罐放在阳光下时，与紫外线接触的啤酒罐就会显现出色彩更为斑斓的黄色、橘色和红色。而银子弹啤酒的负责人也表示，这款变色啤酒罐包装的设计初衷是希望即使夏日炎炎，消费者也能走到户外畅饮啤酒。而啤酒罐变色意味着，手里的啤酒既达到了适宜饮用的冰镇温度，又经过了"阳光的认证"。

通过以上两个案例可以发现，使用光敏变色材料

图3-3 变色龙

图 3-4　蓝蜥蜴智能变色防晒霜包装瓶

图 3-5　能被阳光激活的变色啤酒罐包装

制成的光敏变色包装具有警示提醒、美化装饰的功能。同时，光敏变色材料在包装上的运用非常广泛，如光敏变色在商标防伪方面的应用。

3.2.2　温敏和气敏变色包装

温敏变色包装是使用热致变色材料制成的一类包装，其颜色会随着温度的变化而发生改变。热致变色材料是指在受热或冷却时，可见吸收光谱发生变化的一类化合物或者混合物。按照变色方式的不同，热致变色材料可以分为不可逆热致变色材料和可逆热致变色材料，其中应用于温敏变色包装的一般为可逆热致变色材料。可逆热致变色材料是指将材料加热到某一温度或温度区间时，其颜色发生明显变化，而当温度恢复到初始温度时，材料的颜色又会随之复原，即颜色的变化具有可逆性。下面我们通过温敏变色包装的应用实例，进一步学习温敏变色包装的原理和功能。

图 3-6 所示是"越喝树叶越少"的啤酒标签，是比道公司为丹麦顶尖酿酒企业美奇乐公司设计的一款啤酒标签。标签上面除使用一些黑色文字描述产品信息和一幅简单的小树插图之外，再没有其他多余的内容了。但当瓶内啤酒被喝掉的时候，人们会发现小树的叶子由深黑色慢慢变淡，直至消失，宛若秋天树叶凋零的景象。

图 3-6　美奇乐公司的一款温敏变色啤酒标签 1

其实，这种由神奇的标签感知瓶内啤酒减少的现象是由热敏油墨受热变色引起的。当瓶内的冰啤酒被喝掉时，空瓶体的温度就会上升，瓶体标签的温度也会上升，随之，印刷树叶的油墨颜色就会慢慢变淡，啤酒越喝得多树叶也就越少。

不仅如此，利用热敏油墨变色的这种特性，美奇乐啤酒标签还能演绎花朵从花蕾到盛开的美妙景象（图3-7）。随着瓶内啤酒的减少，标签上面的花蕾慢慢蜕变为灿烂的花朵。这样的包装可能会令消费者感到既新奇又爱不释手。

温敏变色包装不但生动有趣、赏心悦目，还具有

图 3-7　美奇乐公司的一款温敏变色啤酒标签 2

图 3-8　"Perfect Chill"高品质甜酒变色包装

提示和防伪的功能。例如，图阿卡品牌为"Perfect Chill"高品质甜酒打造的一款变色包装（图 3-8）。据说，这款甜酒的最大特点是当其冷却到一定温度的时候，口感最佳。为了突出这一卖点，设计师在标签上设计了图阿卡经典的狮子品牌形象。在常温状态下，狮子图案是银色的，而当温度降低到 8 ℃，也就是甜酒的最佳口感温度时，狮子的图案颜色由银色变为蓝色，提醒消费者开始饮用。不仅如此，这款"善解人意"的温敏变色包装还兼具防伪的功能。

其实，与温敏变色包装同样神奇的还有气敏变色包装。

在当今社会，消费者对于购买的食品，尤其是肉类和水产品的新鲜度和安全性要求都很高，可是，仅仅凭借视觉和嗅觉很难准确判定食物的品质，所以，人们希望包装能够自动监测并显示食物品质的变化，能担此重任的就是气敏变色包装。

研究发现，肉制品在腐败变质过程中会产生硫化氢、氨气等气体，而鱼类在储藏过程中会释放挥发性含氮化合物。如果将气敏变色材料以标签的形式贴在包装袋上或者包装容器的内侧，通过颜色指示剂间接检测代谢产物，实行有效监测，并提醒消费者食物的品质、新鲜度以及安全性，这样大家就能放心地购买和食用产品了。与此同时，人们根据变色信息判断商品所处的状

态，也能为供应商和销售商的售后工作提供更加便捷的途径。

例如，日本一家设计工作室设计了一款可以随着时间的延长显示猪肉新鲜程度的"漏斗价签"（图3-9）。在猪肉新鲜时，整个价签是白色的，同时价签的上方会有一些蓝色的小颗粒。随着猪肉放置时间的延长，漏斗下方的颜色会逐渐加深，这就提示消费者猪肉

图 3-9　显示猪肉新鲜程度的"漏斗价签"

开始变质了。

这款"漏斗价签"的变色原理并不高深，因为随着肉制品存放时间的延长，食材不再新鲜，就会产生氨气，而包装上的特殊涂层会根据氨气浓度的变化而发生变色。因此，无论是在超市购买，还是回家后存放在冰箱中，消费者只需根据标签颜色的变化，便能判断食材是否新鲜。而商家也可以针对那些新鲜度略有下降的肉制品，在标签上标示醒目的文字进行半价处理，从而减少因为商品变质而造成的食物浪费。像这样安全的包装，今后肯定会越来越多地走进人们的生活。

3.3 发光材料智能包装

我们在前面介绍了材料智能包装中的光敏变色包装、温敏变色包装和气敏变色包装，这些神奇的智能包装，已让人叹为观止。但是材料智能包装并不止如此。

世界上第一个依靠太阳能发电的自行车道，是位于荷兰的凡·高自行车道。这段不平凡的路面上铺设了表面涂有特殊涂料的石子，白天它们在阳光充沛的时候吸收光能，储存能量；天黑以后或是在多云较暗的环境下，它们就会慢慢发出光芒，产生漂亮的旋涡图案，达到凡·高著名画作《星空》中蜿蜒瑰丽的星空效果，既环保又浪漫。发光材料包装具有一套可以发光的独立照明系统，更显神秘与梦幻。

发光材料包装是指在包装上使用发光材料，如电致发光材料、光致发光材料、力致发光材料和化学发光材料等，能够以某种方式吸收能量，并以发光的形式表现出来，再通过包装的本体颜色，以及与环境光的颜色进行叠加后的第三方色彩，来实现包装的视觉传达。在实际应用中，发光材料的主要形式有发光油墨、发光涂料、发光陶瓷、发光玻璃、发光塑料、发光纤维和发光薄膜等，从而使包装实现安全警示、多维展示、防伪以及互动娱乐等功能。本节主要讲述的发光材料包装有电致发光材料包装、光致发光材料包装和力致发光材料包装。不同的发光材料包装具有不同的发光原理、功能特征和应用领域。

3.3.1 电致发光材料包装

如图 3-10，看似毫无特别之处，但这就是纸质印刷品，而不是数码照片，会让许多人眼前一亮。这是第一类发光材料包装——电致发光材料包装。

电致发光材料包装的核心元素是电致发光材料。电致发光材料是指在直流或交流电场作用下，依靠电流和电场的激发，将电能直接转换成光能的材料。例如，美国 Darkside Scientific 公司开发的一种电致发光材料，名字叫路米勒电致发光涂料（图 3-11）。这种涂料采用了一种电致发光技术，通过在涂层上施加一定的电流，就能激活涂料的发光性，使其发出冷荧光；而当电源关闭时，涂层又恢复到正常的颜色状态。同时，人们还可以在涂层上使用不透光的颜料，自定义各种图案，从而让涂层具有更加丰富的视觉效果。

路米勒电致发光涂料一共有四层：第一层是背板层，可直接喷涂到物体的表面，起到导电作用；第二层是介质层，起到绝缘作用，防止短路；第三层是发光层，用来决定最后的发光颜色；第四层是透明导电层。

这种电致发光涂料和普通涂料一样，可以喷涂到金属、塑料、玻璃等多种材料的表面，也可以完美附着在各种曲面、棱角、不规则形状的基底上，从而散发出明亮而又不失柔和的光线。同时这种电致发光涂料不会放出热量，持久耐用，因此在包装领域具有广阔的应用

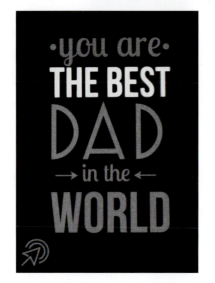

图 3-10　发光印刷品

图 3-11　Darkside Scientific 公司开发的路米勒电致发光涂料

前景。

图 3-12 中这款全世界真正意义上的发光包装，是由 Karl Knauer 公司与 Inuru 公司合作推出的一款以电子印刷柔性有机发光二极管（简称 OLEDs）为主要载体的发光包装。当拿起这款包装时，包装上的图案开始依次变亮，然后进入循环，每个循环都是持续 18 秒，非常容易吸引消费者的注意力。OLEDs 质地轻薄，在柔性和耗能方面有可持续性，并且价格实惠，包括电池在内的所有电子元件都可以印制，因此在发光包装应用方面具有巨大的潜力。

前不久，可口可乐公司也推出了一款通过触摸可口可乐商标激活 OLEDs 发光的包装（图 3-13）。当人们触摸可口可乐的标签时，标签就像一个能源和光源闭合的电路，使可口可乐的包装亮了起来。这款温馨的发光包装其实是采用数字打印机将 OLEDs 嵌在一张薄纸上，同时打印光源和电源。这种包装是自动供电的，不需要使用插头或者电线充电。

从上面的几个实例可以了解，电致发光材料包装形式新颖，非常容易引起消费者的注意，因此具有明显的促销和防伪作用。

3.3.2　光致和力致发光材料包装

光致发光材料包装是一种使用光致发光材料制成的包装。光致发光材料是指受到紫外线、可见光或者红外线激发而产生发光现象的材料。在日常生活中，光致发光材料并不少见，在影视剧中经常出现的"夜明珠"就是其中一种。夜明珠是一种萤石矿物，其发光与它含有的稀土元素有关，是由矿物内有关电子的移动所致。

在光致发光材料包装中，应用较多的是光致储能夜光粉。如图 3-14 所示，这款备受年轻人青睐的国潮夜光手机壳，除了具有将中国传统文化和现代潮流完美结合的原创图案，发光也是其一大亮点。从结构上看，这款手机壳共有五层，中间的夜光层，在受到自然光或灯光照射后，能把光能储存起来，再缓慢地以荧光的方式释放出来，因此，这款手机壳在黑暗中能够发光，并且持续发光长达几个小时，甚至十几个小时。据悉，这款发光手机壳设计的初衷，是为了避免大家在黑暗中找不到手机。有了这款酷炫的夜光手机壳，即使是在伸手不见五指的黑夜，人们也能一眼就看到自己的手机所在。

光致发光材料包装除具有美化装饰和警示提醒的

图 3-12　以电子印刷柔性有机发光二极管
为主要载体的发光包装

图 3-13　可口可乐发光包装

TPU 软胶　　PC 面板　　夜光层　　进口涂层　　钢化玻璃面板

图 3-14　夜光手机壳

功能以外，还可以用于防伪。在紫外线照射下，荧光油墨印制的防伪标识能发出各色荧光或变色。例如，意大利知名奢侈品牌范思哲，销售过一款使用荧光油墨来防伪的香水包装（图 3-15）。在没有自然光等外部光源的条件下，这款香水的外包装呈现银色，而当香水包装接触到光线之后，颜色就会转换为玫红色，并且显示出香水的 logo。这样既达到防伪的效果，又充分展现了香水品牌具有的独特韵味。

除光致发光材料包装外，还有力致发光材料包装。力致发光材料包装是近年来发光包装的研究热点，从目前的应用情况来看，大都是在包装上使用力致发光材料。力致发光材料也叫摩擦发光材料，是指在摩擦、挤压、拉伸、碰撞等机械刺激下表现出发光现象的材料。早在 1605 年，弗朗西斯·培根（Francis Bacon）就曾报道过蔗糖块在被用力刮过之后会发出亮光的现象。

相比于前面所讲的电致发光材料和光致发光材料，力致发光材料可以利用日常生活中无处不在的机械能作为激发源，从而避免了人工产生光或电激发源的需求，有望成为新一代节能、环保和可持续的发光材料。

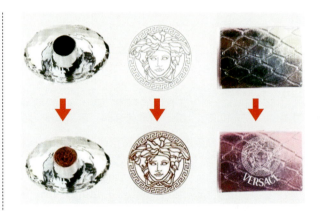

图 3-15　范思哲荧光油墨防伪香水包装

力致发光材料对于压力、张力、剪切力和冲击力等外界应力具有十分灵敏的光学反应，在应力传感、商标防伪、预报监测、照明等领域，具有重要的潜在应用价值，因而备受关注。

不久前，中国科学院兰州化学物理研究所研发出了一种具有高亮度和多色化的摩擦力致发光粉体材料，并将其复合于聚二甲基硅氧烷基体当中，制造出力致发光复合弹性体。在此基础上，研究人员设计了一种具有重要应用价值的摩擦力致发光柔性器件——双刺激响应防伪器件。该器件将防伪信息隐藏其中，在黑暗条件下借助力学或者光子刺激显示防伪信息，使包装具备更高的防伪级别，相信可在未来应用于高端商品。

Q&A:

3.4 活性材料智能包装

随着现代社会生活水平的不断提高，人们不再满足于吃饱，而是追求如何吃得健康、吃得美味。可是，食物在到达餐桌之前，都需要经过生产、储存、流通和销售的漫长过程。在这一过程中，要保证食物的口感、新鲜度、营养价值和安全性，包装就在其中起着决定性的作用。要在食物储运过程中保质、保鲜和保味，传统的包装形式是很难做到的。而活性材料包装就可以实现这三点。

3.4.1 活性材料包装的概念

活性材料包装相比于传统的"惰性包装"，不仅能够显著提升食物的新鲜度、营养和口感风味，也能在延长食品的保质期和检测食品质量安全方面发挥积极作用，因此备受欢迎。

活性材料包装是指通过材料中的活性组分，来改变食品的包装环境，如氧气与二氧化碳的浓度、温度、湿度和微生物等条件，以延长储存期、改善食品安全性和感官特性，同时保持食品品质不变的一种包装体系。

活性材料包装主要分为吸收体系和释放体系两大类。吸收体系可以除去包装内的氧气、二氧化碳、乙烯、过量水分、腐败产物，比如蛋白质和氨基酸降解产生的含硫成分和胺类等。释放体系是指在包装中主动加入或者产生某些化合物，如二氧化碳、抗氧化剂和防腐剂等，能够抑制食品腐败变质。

在大多数情况下，食物的腐败变质是由氧气引起的。因为氧气可以使食物氧化、霉变，还滋生细菌，导致食品的货架寿命大大缩减。因此，氧气去除包装的使用环境与防腐功能就显得尤为重要。包装去除氧气的工作原理是，通过脱氧剂或者包装内自身具有的除氧能力，来去除包装内的氧气，从而有效延长包装物在货架上的销售寿命。氧气去除包装是继真空包装和充气包装之后，出现的一种新型除氧包装方法，克服了真空包装

和充气包装除氧不彻底的缺点，可以使包装内的氧气含量低至 0.1%。不仅如此，氧气去除包装所需设备简单、操作方便，因此应用也更为广泛。

目前食品类的脱氧剂主要有铁系脱氧剂和亚硫酸盐脱氧剂。其中铁系脱氧剂由于成本低、效果好、安全性高，应用范围最广，例如中西式糕点、坚果炒货、水产干货、肉制食品和医药保健品等领域。铁系脱氧剂的成分除铁粉外，还有氯化钙、盐分、活性炭以及硅藻土等辅助成分。铁系脱氧剂一般使用透气的塑料膜，即膜上扎孔，然后被放置在食品包装袋内。它在密封环境中能够充分吸收包装内的氧气，但不会直接接触被包装食品，既达到了除氧的效果，又保证了包装的安全性。但铁系脱氧剂只适用于固体类食品的包装。

另外一种正在兴起的新型除氧材料是除氧包装膜，即利用包装袋自身的除氧能力除去包装内部的氧气，可以直接应用于液体食品的包装。目前，已研发的除氧包装膜主要有以下三类：

第一类是铁盐基添加剂型吸氧材料。例如，日本东洋制罐株式会社开发出的铁盐基添加剂型吸氧材料，是一种具有多层结构的薄膜，由外至内依次为印刷层、阻隔层、吸氧层和食品接触层（图 3-16）。其中阻隔层可以阻止外界氧气向包装内渗透，而包装内的氧气通过食品接触层在吸氧层被清除，氧气的吸收由水分激活。

第二类是共挤多层吸氧薄膜。美国希悦尔公司推

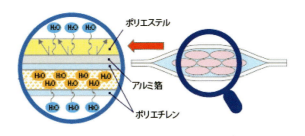

图 3-16　日本东洋制罐株式会社开发的吸氧材料结构

出了一款共挤多层吸氧薄膜，由外至内依次为印刷层、阻隔层、密封层和食品接触层。其中阻隔层是一层活性吸氧层，它包含了一种肉眼看不见的高分子吸氧化合物。该薄膜的吸氧作用不依赖水分，而由紫外线激发。不过，紫外线激发过程是在食品填充之前完成的，因此，食品绝对不会受到紫外线的影响。

第三类是吸氧树脂，吸氧树脂利用具有的特定结构完成自身氧化。密封包装内的氧气通过进攻吸氧树脂主链上的薄弱环节，生成氧化物或过氧化物，从而实现除氧功能。据悉，该树脂技术可以与任何阻隔膜结合，甚至可以将一些食品的保质期翻倍。

其实，不仅是袋装食品的包装需要除氧，瓶装饮料的包装也需要，例如啤酒。在灌装过程和保存期间都可能有氧气混入啤酒中，导致啤酒变得浑浊，失去光泽，香味也逐渐消失。为解决这一问题，嘉士伯啤酒推出了一款具有吸氧内垫的啤酒瓶盖，它能够有效隔绝外部空气，从而锁住新鲜口感。

很多食品包装都采用了活性材料包装的这种去除氧气的技术，其原理都一样，只是方式不同。

3.4.2　二氧化碳释放包装

二氧化碳作为一种天然的抗微生物剂，具有抑制微生物生长的作用。因此，在包装中适当地增加二氧化碳的含量，可以延长新鲜果蔬、肉禽类和乳制品的保质期，这就是二氧化碳释放包装。

二氧化碳释放包装是将二氧化碳释放剂以小包的形式加入产品包装中，或者直接加入薄膜中，形成具有二氧化碳释放功能的复合包装膜。此外，由于使用氧气去除包装的产品容易使包装发生塌陷，影响内装物的形态和包装的美观，也可以通过加入具有二氧化碳生成作用的添加剂或薄膜来保持包装的形状。例如，在新鲜肉制品包装中，采用亚硫酸盐脱氧剂与碳酸氢钠混合，可以同时起到除去氧气和产生二氧化碳的作用；又或者将二氧化碳和柠檬酸、乙酸、肉桂醛等混合，用于新鲜大马哈鱼的包装，具有很好的保鲜效果。

然而，过高浓度的二氧化碳会使水果进入糖酵解阶段，严重影响水果的口感和品质，这时就需要除去二氧化碳。二氧化碳去除体系通常是指将铁粉与氢氧化钙混合后，制成小包放入密封包装中，可以同时控制包装内氧气和二氧化碳的含量，这不仅能解决包装胀袋的问题，还能延长商品的货架寿命。除此之外，氢氧化钠、氢氧化钾、氧化钙和硅胶都可以作为二氧化碳去除体系中的化合物。

在包装设计中，如何根据添加剂来设计活性材料包装？关键是深入了解包装物的属性特征，作为添加剂的二氧化碳产生或去除数量，及其与包装物保质、保鲜需求量之间的匹配度，这就要求设计师具备一定的化学知识。

3.4.3　抗菌包装

除氧气去除和二氧化碳释放包装外，活性材料包装中，还有抗菌包装。当今社会，消费者对于食品健康与安全的要求不断提高，食品保鲜与防腐已成为现代食品工业的重点发展方向，因此，抗菌包装也成为活性材料包装领域的研究热点。传统食品包装的抗菌方法是巴氏杀菌和添加防腐抗菌剂。巴氏杀菌，也称低温消毒法，虽然能在不损害食品品质的前提下达到抗菌的目的，但是适用范围有限。而添加防腐抗菌剂则会影响食品的品质，也存在食品安全隐患。而且，这两种抗菌方法也不适用于新鲜水果、蔬菜和肉类的包装。

新型的抗菌包装是将具有抗菌或者杀菌的活性组分，如乙醇、二氧化硫、金属离子、壳聚糖、动植物精油和生物抑菌剂等组分，添加到薄膜结构中使其具有一定的活性，从而达到抑制食品包装内细菌滋生和延长货架寿命的目的。抗菌包装不仅应用范围广泛，还能最大限度地保持食物的口感、品质和安全性，防止二次污染。从技术的成熟性和实际应用来看，目前有两种应用较多的抗菌包装：乙醇杀菌包装和金属离子杀菌包装。

第一种是乙醇杀菌包装。乙醇在医疗领域的应用比较多，同时它也是一种理想的食品杀菌剂，比如鲜度保持卡。鲜度保持卡也就是人们常说的酒精包或者外控型食品保鲜剂，原理是利用乙醇的挥发，使其在被保鲜的食品周围形成一定浓度的气相保护层，同时可以不受被保鲜食品的 pH 影响。鲜度保持卡具有接触杀菌和熏蒸杀菌的双重效应，能够同时抑制多种霉菌的滋生，从而起到良好的保鲜效果。例如，近年来，超市销售的袋装蛋糕品种越来越多，其口感也不亚于新鲜出炉的蛋糕，这就要归功于鲜度保持卡，它使消费者可以随时随地吃到美味营养的食物。

第二种是金属离子杀菌包装。银或铜等金属离子与霉菌的活性酶具有很强的结合能力，因而具有抗菌保鲜的作用。我国很多地区的少数民族都喜欢使用银器盛放食物。客人来到草原上，草原民族接待客人的最高礼节就是敬上银碗盛装的马奶酒。银碗不仅是一种高贵纯洁的象征，表示最高的礼遇，而且具有防腐、保鲜的作用。因为马奶放在普通的碗里，几天之后就会变质，而盛放在银碗里的马奶却能长时间保持鲜美醇香。现阶段使用的金属离子杀菌包装是以离子状态存在的银、铜和锌通过离子交换或直接合成，以制剂的形式与沸石、活性炭等无机载体结合来实现的。由于银离子和锌离子在抗菌薄膜中的含量很低，人们必须制出含银、锌的有效载体，再将其加入包装材料中。例如，阿克苏诺贝尔公司和 BioCote 公司联合开发的银离子抗菌涂层，就具有良好的灭菌和保鲜效果。

金属离子杀菌包装除应用于食品之外，在手机贴膜上也有应用。在当今信息化、数字化的时代，人们每天都会花费大量时间滑动手机屏幕，而手机屏幕表面附有大量的大肠杆菌，长期接触极易引发各种疾病。针对手机细菌的问题，日本富士胶片公司推出了一款银离子抗菌保护膜。这款抗菌膜具有多层结构，从外到内依次是银离子抗菌层、PET 基材、硅胶涂层和离型膜。相比于普通的抗菌膜，这款手机膜可以快速并长效杀灭细菌，抗菌时效可持续 18~24 个月。

从上面列举的抗菌保护膜的作用来看，在未来，作为活性材料包装的膜类新型抗菌包装，将会被大量运用。

3.5　其他材料智能包装

在前面我们分别介绍了以变色材料、发光材料和活性材料为物质基础的材料智能包装，除此之外，还有一些其他的智能材料，比如自清洁材料和形状记忆高分子材料。

其实，每个人在生活当中都会遇到一些无伤大雅却又隐隐纠结的小事。比如说，喝酸奶的时候舔不舔盖？有人作过计量，如果不撕开酸奶的盖子，会有 15%~20% 的残留量，这不仅会造成一定的浪费，而且易滋生细菌，带来环境污染。可是，人们又怎么以优雅的方式喝光酸奶呢？目前，广州的一家实验室正在研发一款食品级的超疏水、超疏油纳米涂层，其主要成分是蜜蜡，只要将其均匀地涂在包装盒的内壁，酸奶就不会黏在盒子的内壁上了，这样人们就可以轻松地喝光酸奶。

这种超疏水、超疏油的技术是如何做到"一滴不沾"的呢？其实，这种技术借鉴的是自然仿生原理中的"荷叶效应"。众所周知，水滴落在荷叶会形成近似圆球形的白色透明水珠，却不会浸润在荷叶上。即使经过一场倾盆大雨，荷叶的表面也总能保持干燥；不仅如此，滚动的水珠会顺便把一些灰尘污泥颗粒带走，达到洁净的效果，使荷叶保持一尘不染。这种现象归因于荷叶表面具有清洁效应的超微纳米结构，能够锁住空气，使水滴无法附着。由此可见，自清洁材料在食品和化妆品包装领域都具有广阔的应用前景。

形状记忆高分子材料，是近年来研究较为热门的一种智能材料，目前已经应用于商品的防伪包装。形状记忆高分子材料是指：在一定条件下被赋予一定的形状，即为起始态；当外部条件发生变化时，例如施加一定的热、光照、通电、化学处理等刺激后，它可以相应地改变形状，并固定，即为变形态；如果外部环境以特定的方式和规律再一次发生变化，它便可逆地恢复至起始态，从而完成"记忆起始态到固定变形态，再恢复至起始态"的循环。在此过程中，形状记忆高分子材料就像生命体一样，具有一定的记忆力。

高分子形状记忆防伪技术是目前较为先进的防伪技术之一，可应用于防伪吊牌和防伪不干胶，只要把它们加热到一定的温度，其表面的文字或图案就会马上变成预设的其他文字或图案，从而检验产品的真伪。例如，广州市曼博瑞材料科技有限公司发明了一款形状记忆防伪标签，人们只需要一杯热水或者一只打火机，在加热温度大于等于 65 ℃的情况下，就可以用它轻松检验产品真伪，既方便又可靠（图3-17）。

与传统的包装相比，材料智能包装通过使用不同功能的材料，使包装在功能和形式上都得到了拓展，具有非常明显的优势。不过，目前材料智能包装还处于初

变化前　　　　　　　变化后

图3-17　广州市曼博瑞材料科技有限公司
发明的形状记忆防伪标签

期发展阶段，包装的制作成本较高，性能也有待进一步完善。因此，在今后的设计实践中，材料智能包装的设计要综合考虑消费者的实际需求，包装的使用习惯、使用环境和使用方式等因素。设计师需要注意以下三个方面：

第一是恰当的材料选择。材料智能包装所包含的材料种类繁多，即使在同一类别的材料中，它们的原理、性能和功能也可能存在较大的差异，因此，在材料的选择上，除满足包装功能的需求以外，设计师还要综合考虑材料应用于包装的工艺流程，包装在成本、安全、环保以及人性化等方面的要求。

第二是准确的信息传达。信息的有效传达是包装的基础功能之一，材料智能包装可以通过材料感应、识别、变化的特点向消费者准确传达信息。因此，设计师要考虑商品的质量安全、防伪安全以及增强消费者的娱乐体验等方面。

第三是巧妙的图形表现。材料是包装设计的载体，除材料本身所具有的美学特征之外，设计师也要对包装进行合理性的构建。只有把材料巧妙地融入设计之中，才能充分发挥材料的独特魅力。因为好的包装不仅要满足功能性的要求，还应具备良好的视觉体验，这对于促进销售、提升品牌知名度都具有很好的效果。

我国虽然在材料智能包装方面的研究相比于发达国家起步较晚，但是近年来发展迅速，在食品、药品和日化用品等领域得到了较好的推广效果。现阶段，国家大力支持新材料的研发，这也为新材料在材料智能包装上的应用提供了更多可能。与此同时，智能包装技术、纳米技术和印刷电子技术的日渐成熟，一定程度上降低了新型材料智能包装实现的难度，对材料智能包装的研发和普及具有极大的推动作用。也许，在不久的将来，大家就能充分享受到材料智能包装带来的便捷生活。

4

结构智能包装

结构智能包装的概念与价值

结构智能包装的主要类型

Intelligent Packaging Design

　　智能包装是指通过对产品包装材料、包装结构以及产品信息进行可控性的变革，满足消费者对产品品质和功能的需求，满足制造商对产品流通过程的信息干预、控制及处理的管理要求，以达到人与物交互式便捷沟通的目的。伴随着时代的发展和各种新材料、新技术的大力研发，数字智能包装和材料智能包装不断涌现，表现出迅猛发展的态势。而相对这两类智能包装而言，目前对结构智能包装的研发较慢。但结构对智能包装而言，也是不可或缺的。如果说材料智能包装在"包"的材料上下功夫，那么，结构智能包装则在"装"的结构上做文章。

4.1　结构智能包装的概念与价值

　　结构智能包装，是指对产品内部结构进行可控性智能化设计，以满足制造商和消费者特定的需要。设计师可通过增加或改进部分包装结构，从而使包装具有某些特殊功能和智能特点。它一般用于增强包装的安全性以及实现某些自动功能，更好地保护内包装物或实现包装的便捷使用。相比数字智能包装多依靠计算机技术，材料智能包装多运用生物化学等原理，结构智能包装则多运用物理学原理，通过从物理构造方面进行创新设计，使其具备特定功能，从而增强产品的可靠性、简便性和安全性。

　　必须指出的是，与数字智能、材料智能相比，结构智能所运用到的技术含量、智能化程度，相对要低级一些，它是基于人认知水平和能力的提升而言的，也是建立在包装自身结构创新的基础之上的。所以，从严格意义上说，它是智能化的低级阶段，就像现在有种迷宫式的盒盖，外盖内壁设置有凸起，瓶口外围有像迷宫一样的螺旋线，只要按照瓶身上介绍的开启方式，记住旋转方式就能开启的设计一样，带有功能性特点的结构智能化设计，需要一定的知识和能力，才能认知和把握。所以，它具有使用人群的针对性，要求使用人群具有一定的知识水平、理解和领悟能力。

　　结构智能包装在人们生活中能起到四个方面的价值与作用。

　　一是实用价值。结构智能包装通过设计新式物理结构，使其具备特定功能，从而增强产品的便利性，这一类包装强调的是以人为本，多从人们的生活方式角度来考虑。例如，自动加热、自动制冷结构智能包装就解决了快节奏社会人们在缺少加工工具时食品加工的问题，让消费者可以快速地享受加工后的美食，为人们节省了很多时间；又如，可计量型结构智能包装则通过包装本身直接完成计量过程，解决了用户在使用产品过程中的用量问题，不需要借助专门的计量产品或工具，就能满足用户对产品合理安全用量的需求，从而实现准确性与便捷性兼具。

二是安全价值。对于包装来说，安全是第一位的，安全价值包括产品质量安全和产品使用安全。结构智能包装通过对包装的局部或整体结构进行改进，使包装具有保护产品质量安全和使用安全的功能。例如，显窃启型包装就是针对产品在密封状态下的质量问题而设计的，当包装经过非法开启后，就会留下明显的打开凭证，或直接通过特殊的障碍结构，阻挡外部产品进入包装内部，以保证内容物的品质安全；又如，安全防护型结构智能包装则大部分是为学龄前儿童和残障人士开发的，通过设置障碍式结构，增加打开包装的难度，防止他们误服、误用，确保他们在使用产品时避免伤害。

三是经济价值。主要体现在产品保护和产品分量两个方面。

在产品保护方面，结构智能包装根据商品特性，增加或改进部分包装结构，使商品的包装具备防伪、防窃启、防倒灌等保护功能，实现对包装结构完整性的监测与包装唯一性的识别，保护商品的完整性、密封性。

一方面，对于品牌商和运营商来说，如果消费者购买到假冒伪劣商品，消费者的品牌忠诚度将随之下降，这会对企业造成难以预估的品牌损失与经济损失；另一方面，消费者购买到质量受损或假冒伪劣的产品，会对自身的经济利益与安全利益造成重大的威胁。

在产品分量方面，结构智能包装通过对结构的合理设置，改良包装的取用方式，实现包装分量，使消费者使用时能够根据实际需要取用合适的量，以免造成浪费。

四是精神价值。结构智能包装结合包装行为学（如开启、再封、携带等）、社会学（如儿童、残疾人、老人等群体）、心理学（如消费心理）、交互设计（如用户体验）原理等，使包装与消费者间产生互动，触发消费者心理活动，形成或有趣、或愉悦、或警示的情感体验，从而使消费者产生"喜欢用"的消费心理，这种积极的情感体验就是结构智能包装为消费者所创造的精神价值。例如，消费者在开启包装过程中获得准确的指引、开启或使用过程具有趣味性等。

在感官和行为体验的基础上，消费者心理活动会发展到对商品的内心感受上，这一心理过程最终会让消费者产生更高级别的情感体验。这既是人的更高层次的需求，也是人类社会发展的必然。要体验经济时代下的包装设计能否抓住消费者的心，面向消费者体验的包装设计是其中的关键因素。结构智能包装所带来的个性化体验能引发消费者的情感共鸣，满足不同层次消费者的精神和体验需要。所以，从情感体验的角度来说，结构智能包装是理想的、契合要求的设计形式。

Q&A:

4.2　结构智能包装的主要类型

结构智能包装是通过结构创意设计，以满足消费者功能需求及视觉体验为目的的包装。这里的结构创意设计，具体包括功能结构设计、造型结构设计、装潢结构设计等。目前常见的结构智能包装有自动加热型智能包装、自动制冷型智能包装、自动预警型智能包装、安全防护型智能包装、显窃启型智能包装、可计量型智能包装六种。

4.2.1　自动加热型智能包装

婴儿的生活，基本上是吃和睡。喂养过婴儿的人，少不了会遇到这样一种情况：婴儿睡一觉醒来，突然要喝奶，而这时如果没有冲好的奶准备着，可能会出现一边是婴儿因为饿了而哭闹，一边是大人在手忙脚乱地冲调奶粉的情况。在忙的过程中，人们最纠结的是怎么样掌握牛奶的温度，现实生活中，大多数人的做法是直接把牛奶滴在手背上去感受水温，可这种方法与每个人的神经感受度有关，并不准确。

丹麦的一位设计师为此设计了世界上第一款可自动加热的奶瓶（iiamo），这款产品可以自动加热，随时随地为宝宝提供 37 ℃的奶（图 4-1）。

这款自动加热奶瓶外形炫丽，有四种搭配色，绿/蓝色、白/粉色、橙/粉色、白/蓝色。其工作原理是插入一个"水＋氯化钙"的胶囊到杯子里，通过摇晃使水和氯化钙充分混合并发生化学反应，这个过程释放的大量热能用来加热杯子里的牛奶。奶瓶里的每一个部件都是可以拆下来的，便于干燥和清洁，使用卫生。其使用也十分简单，先把牛奶或者配方奶倒入奶瓶，然后打开底部旋盖，放入加热胶囊，仅仅 4 分钟后，就能将 180mL 奶加热到 37 ℃，宝宝就可以喝到温度合适的奶。

再来看一个例子，鸡蛋营养很丰富，可以为人体补充营养，提高免疫力，是一种很好的补血食物，而且对于一些处在发育期的幼儿以及经常用脑的学生，早餐吃一个鸡蛋尤有必要。早上吃鸡蛋可以促进大脑发育，这对孩子的智力成长是非常重要的，此外，鸡蛋还可以保护人们的视力不受损害，还可以促进脂肪的代谢，利于减肥。但我们平时可能因为早起赶时间，往往来不及煮鸡蛋。

针对煮鸡蛋的问题，俄罗斯的一个研发团队设计了一款纸盒煮蛋器（图 4-2）。它由硬纸盒做成，涂有化学涂层。其化学涂层中有大量的氢氧化钙固体粉末，而在另一层里有水，当这两层之间的隔板被抽出后，氢氧化钙遇水发生溶解，会释放出大量的热能，从而使鸡蛋煮熟。早晨起来，用一两分钟把简单的前期工作弄好，就可以去洗漱或者干点别的事情，很快鸡蛋就熟了。

图 4-1　自动加热的奶瓶（iiamo）

图 4-2　纸盒煮蛋器

整个加热的过程持续3分钟，其使用步骤十分简单：

第一步：将鸡蛋准备好；

第二步：根据个人的需求将鸡蛋放入煮蛋器内，盖好外壳；

第三步：将控制隔层的小标签拉开，纸盒的化学涂层就可以发生作用并产生热能；

第四步：等待3分钟后，打开外壳，就可以享受煮熟的美味鸡蛋了。

这个自动加热的纸盒煮蛋器也有一个小小的缺点，那就是纸盒煮蛋器是一次性的，用完以后就要丢弃，造成了资源浪费。当然，研发团队的解释是，纸盒的原料来自回收物，本身就是废物再利用。

为了便于今后的设计实践，下面再来介绍一个自动加热的设计实例，就是老少皆宜的食物——火锅。要想随时随地吃到火锅，最好是不用电、不用火、不用锅。目前，售价在30元左右的自加热火锅开始在各大电商平台和超市热卖，人们可以像吃方便面一样吃火锅。其加热的原理非常简单，是通过发热包遇水后温度迅速上升对食品持续加热，从而达到类似蒸煮的效果（图4-3）。

这种自加热火锅的使用步骤如下：

第一步，打开盒子，取出食物包、调料包和发热包（只需将上层餐盒揭开，即可看到发热包）；

第二步，将盖子上的气孔打开，方便出热气；

第三步，向白色内盒中倒入食用材料（食材倒入不分先后顺序），加入冷水，冷水刚好到下方图片箭头指向的边缘处即可；

第四步，在外盒里放入加热包，并加入适量冷水，迅速放上加了食材的白色上层餐盒，即刻将盖子盖上（气孔不用堵上），等待水和发热包里的物质产生化学加热反应。15分钟过后，打开盒盖即可享受美味。

上面的几个例子，无论是奶瓶、煮蛋器，还是火锅，之所以能自动加热，是因为在包装结构中装置了一个遇水就能释放热能的发热包，这个发热包多为氯化钙、氢氧化钙、氧化钙一类化合物。人们可以利用自动加热的原理在一些包装上进行创新设计。

4.2.2　自动制冷型智能包装

自动制冷型智能包装与自动加热型智能包装，由于一个是制冷，一个是加热，存在着不同的原理。那么，两者之间在包装的结构设计上是否一样？是否存在差别呢？要回答这些问题，还是先来了解一下冷却的方式。

冷却方式有直接冷却和间接冷却两种。直接冷却

图4-3　自加热火锅

是将制冷机的蒸发器装在制冷装置的箱体或建筑物内，利用制冷剂的蒸发直接冷却其中的空气，靠冷空气冷却需要冷却的物体；间接冷却是依靠制冷机蒸发器中制冷剂的蒸发，从而使载冷剂（如盐水）冷却，再将载冷剂输入制冷装置的箱体或建筑物内，通过换热器冷却其中的空气。

直接冷却和间接冷却两种方式的特点各不相同：前者冷却速度快，传热温差小，系统比较简单；后者冷却速度慢，传热温差大，系统较复杂。正因为如此，所以直接冷却装置用得普遍些。

在炎热的夏季，每当人们从室外回到寝室或者家里时，特别是在运动完以后，大多数人想要做的事是迫不及待地从冰箱里拿出冰饮，一饮而下。但有时候忘记提前将饮料放进冰箱，或者冷藏饮料的时间不够长，就会遇到饮料不够冰的问题。这时如果有一款自动冷却型包装的饮料，就可以解决问题。事实上，市场上已经出现了这种饮料包装。图4-4是一款"网红"冷饮——自冷橙汁。该饮料不仅拍一拍就开始变冷，冷却时间也很短，在5秒内就完成极速自冷，整个饮料袋立即变成一袋"冰块"。该饮料采用了自动冷却型包装，在包装容器内采用了直接冷却装置。自动冷却型包装的结构层次比加热型要少，内置一个冷凝器、一个蒸发格及一包以盐做成的干燥剂，冷却时，通过触发装置，制冷剂立即蒸发，蒸汽及液体会贮藏于包装的底部，直接冷却

其中的空气。它能在几分钟内将容器内物品的温度降至所需温度，温度的高低由制冷剂的多少和包装容器的大小决定。常见的制冷剂有硝酸盐、硝酸钠、硝酸钾和硝酸铵，它们溶于水后均呈现强烈的吸热性，使水溶液温度下降，硝酸钾和硝酸铵还可以用于化学制冰。

自动冷却型包装设计在国外早有成功案例，7-Eleven便利店冷萃气泡咖啡饮品，是一款自动制冷功能的咖啡包装（图4-5）。只要上下翻转咖啡罐、拧动咖啡底座的发条，等上1分钟左右，即可将咖啡温度降低30℃，如同刚从冰箱中拿出的。

这款颇具科技含量的自动制冷包装咖啡饮品，虽然比一般的便利店罐装咖啡贵很多，但因具有智能的结构，体验感强，销量一直不错。这项自动制冷功能包装技术名为Chill-Can，由美国加州的一家公司提供。当初，为发明和应用该项技术，该公司耗时25年之久。现在，自动制冷功能技术不仅已经成熟，而且在一些包装上也有了成功的应用，为今后的推广提供了条件。自带制冷功能包装的形式、种类会出现得更多。

4.2.3　自动预警型智能包装

人们平时在超市买新鲜食品的时候，都会看一下保质期，只要是在保质期内的食物就会放心去购买。但是，有时候人们明明买的是在保质期内的食物，可

图4-4　自冷橙汁

图4-5　7-Eleven便利店冷萃气泡咖啡饮品

也会出现味道不对，甚至给人的感觉像是食物变质了的情况，说明有保质期、只看保质期，也难以保证包装物的品质。原因主要是食品在流通和存放过程中，可能遇到了特殊环境，比如天气炎热、环境潮湿等，而这些特殊情况是只看保质期无法考虑到的，所以，当有这些特殊情况出现时，即使在保质期内，食物也有可能已经变质了。

为了防止这种情况发生，在一些传统的运输包装中，比如大纸箱上，有注意防潮防湿、防雨淋、防晒之类的字样和伞形、杯形等图片，旨在提醒从事这些商品储运的人员注意过程环境。这种做法不能说起不到作用，但也不能说这样就万无一失了。毕竟在物品流通中，人不可能随时与之在一起，即使在一起也不可能做到万无一失。

生活中，我们知道有些汽车、摩托车遇到震动，就会发出报警的声音。虽然目前市场上还很难见到自动报警型包装，但自动报警和包装相结合是可行的。一方面，原理很清楚，可以做到；另一方面，已有大量实验性成果。

自动报警型包装的原理，是将报警系统内置在包装上，通过感应温度、湿度、压强等的变化来驱动报警。如温度、湿度超过保质要求数值，或者包装内置的食物变质出现胀袋时，报警系统就会做出反应，告知使用人群注意食品环境安全，提醒食品质量已存在问题。

智能瓶盖是美国加州大学伯克利分校的研发团队发明的。这个智能瓶盖，能够通过3D打印内嵌的感应装置，探测出食物变质与否（图4-6）。

研究人员把电子部件做成一个塑料牛奶卡板瓶盖，用来监测食物是否变质。这个智能瓶盖内置电容和感应器，形成共振电路。快速摇动卡板，牛奶就会进入瓶盖的电容缺口，然后整个卡板就会在室温中封闭放置36小时。

这个电路可以根据电子信号的变化，监测细菌增加的水平。研究人员会定期用无线射频针头探测信号的变化，探测时间为实验一开始，之后每隔12小时，直

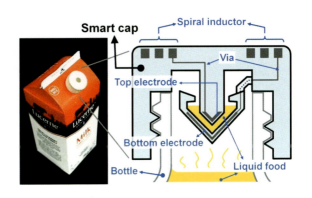

图4-6　美国加州大学伯克利分校的研发团队发明的智能瓶盖

至达到36小时的封闭放置时间。

如果牛奶缓慢地变质，会导致电子信号的不断改变。这些改变都可通过智能瓶盖无线监测到。实验发现，室温下牛奶的峰值震动频率出现在开始实验的1.5小时内，之后震动频率开始下降。相对比之下，放置在4℃冰箱里的牛奶，在相同时间段里，频率只有0.12%的变化，相对变化比较小。这种3D打印技术将来会使得电子电路变得比较便宜，这样便可以将其加入食物包装当中，让消费者知道食品是否变质，起到警示作用。

还有，老年人在生活中常常会出现以下几个方面的不便：手脚不灵便；记忆力较差；视力不好，对一些字号较小的说明性文字存在阅读障碍；接受新鲜事物的能力较弱，以至于难以打开某些开启方式比较新颖的药瓶。这一群体性的缺陷或者弱点，映射到老年人吃药这个行为过程中，就出现"忘吃药""找药难""取药难""不清楚哪种药要吃几颗"等现象。

设计师针对老年人的生理特点，确定产品包装的智能化需求，就可利用智能技术对药盒的包装进行智能设计。譬如，在包装上设置语音提示或警示功能。目前，国内外都有智能结构药盒的包装设计。随着社会发展，人口老龄化问题日益突出，药品包装中采用预警型智能设计将日益普及。

4.2.4　安全防护型智能包装

安全防护型智能包装是解决包装安全问题的一种

功能型包装，与传统包装相比，它通过智能结构设计，确保和突显安全功能。当然，这种结构设计，是针对安全性高和有特殊需求的包装的。因而，安全防护型智能包装有特定的优势及实用价值。这种优势与实用价值主要表现在以下两个方面：

一是针对产品的防伪安全。包装被非法开启后留下明显的打开凭证，或直接通过特殊的障碍结构阻挡外部产品进入包装内部，以保证内容物的品质安全。

二是针对目标人群的操作安全。这类包装根据操作能力来调节限制程度，从而阻止特定人群的使用行为。比如说，孩子天生对玩具、各种手工配件甚至是药品之类的东西好奇，家长稍不注意，这些东西都可能成为孩子眼中的"美食"，被他们吃进嘴里，有些对孩子甚至造成了不可逆的伤害，导致孩子终身残疾或死亡。

正是基于这种频发的安全事故，有设计师专门针对学龄前儿童和残障人士开发具有智能性的结构设计。从目前的情况来看，市场上有针对5岁左右的儿童设计的一些安全防护型智能包装。主要是因为这一年龄段的儿童是个比较特殊的群体，他们处在身体的成长发育期，且心理层面变化比较大，往往表现出对未知事物强烈的好奇心，不管能吃与否，不管有毒无毒，胡乱往嘴里塞，这样一旦误食，后果就不堪设想。

儿童主观探索世界的欲望较为强烈，这并不是坏事，而是一种天性。许多教育学家、心理学家都认为，不应该扼杀这种天性，反而应该提倡，关键是合理引导和防止不良后果发生。这里有一个客观事实，为人们提供了预防的可行性。那就是儿童的客观操作能力薄弱，这是由其心理状态、智力水平和身体协调能力决定的，表现为注意力不够集中，缺乏钻研精神，碰及新鲜事物时具有一次性行为，也就是首次开启不利便会主动放弃。

针对这些现象，我们可以设计以下三类安全防护型智能包装：

（1）智力安全防护类

智力安全防护类是指以目标人群的智力水平作为限制条件，要求使用者具备一定的记忆能力、辨识能力和理解能力等，才能开启包装。使用者需要通过理解使用说明后，将指定处对准标注在包装上的某一文字或图形，才能顺利开启包装。比如，智能儿童安全盖，就是一种智能儿童安全包装的盖体设计，此种安全盖需要利用压旋和拔旋两种动作的交替操作，将圆点沿箭头所指方向移出轨道后才可打开包装。经过实践检验，在5秒内有85%的4岁以下儿童无法开启，90%以上成年人可顺利使用，这种通过智力安全防护来保证儿童安全的结构设计目前已被广泛用于药品的包装。

鑫富达医药包装公司推出的压旋式儿童安全盖（图4-7），是用聚丙烯注塑成内芯、聚乙烯注塑成外盖的两片式叠合套盖。在打开时，必须将外盖和内盖压紧，使外盖顶住内盖端部的凸起，并使两者嵌合在一起，同时旋转，否则将无法开启瓶盖；如要盖紧此盖，按常规方法套上瓶口旋紧即可。此开启方法可以有效防止儿童开启瓶盖并误服药品，对药品的使用起安全防护作用。

这款压旋式儿童安全盖为内外两层的双层结构。外盖顶部的内侧和内盖顶部的外侧通过卡槽相连接，具备防止小儿开启功能。内盖的顶部有一个药仓，药仓的中间设有隔板，分为两个部分，一部分放干燥剂，另一部分放吸氧剂，药仓的顶部通过与内盖内侧卡环相连接，药仓底部为药仓透气孔。内盖的顶部设有内塞，内塞与瓶口紧密配合，可以保证瓶子的密封性。外盖设有安全圈，旋紧盖子时，安全圈上面的安全牙与瓶口上的安全牙会相互作用，安全圈与盖子分离，此过程不能重复。

图4-7　鑫富达医药包装公司推出的压旋式儿童安全盖

智力安全防护类的限制性障碍结构包装设计，不仅设计思路清晰、简单，效果较好，而且成本低，可以增加包装设计的附加值，应用前景非常可观。

（2）力量安全防护类

力量安全防护类是利用目标人群现阶段手指力量及协调能力较差的弱点，通过设计抓、扭、压、拔、旋、撕等操作方式，加大操作力度来实现开启行为。0~5岁的儿童握力很小，而且力量使用的持久性较弱。力量设障结构方式，可以更好地限制儿童的开启行为，降低儿童的开启兴趣，达到儿童安全防护的目的。美国 Cardinal Health 公司上市了一款障碍式药品包装，包装背面附有一层密封纸板，以此密封住内部的泡罩包装。使用者需要一定的开启力度，才能扯出位于正中央的小泡罩，然后撕开铝箔获取药品。以力量为限制条件的障碍结构，因为开启技巧单一，难度较小，适用于低龄儿童用品包装的安全设计。当然，也需要对障碍的阻力大小进行多次测量和精确设计，以免造成老年人甚至青壮年开启困难。

（3）技巧安全防护类

技巧安全防护类是指将目标人群的智力理解能力和身体协调能力共同作为限制条件，要求使用者在理解开启方法的基础上，按照特定的技巧操作方式来完成开启步骤。

图4-8所示的是一款日历吸塑泡罩包装，在按住左侧箭头①所指位置的同时，从右侧包装边缘缺口处依照箭头②所指的方向拉出泡罩包装，通过"按"和"拉"两个不同动作同时协调进行方可开启。这种儿童安全型泡罩药品包装在泡罩板上下分别设计了尺寸相匹配的插舌和插槽，可单个从中间对折首尾插别，也可两个包装相互组合插别。

在这种技巧安全防护类的泡罩包装上，开启药物的铝箔面有一层被隐藏了起来，只露出泡罩面在外部，开启时需要利用材料自身弹性特点和操作技巧来解决插口结构带来的困难。

从上面所举的设计案例可以看出，技巧安全防护

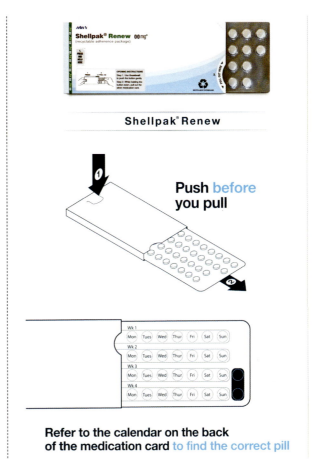

图4-8　日历吸塑泡罩包装

类与前两种形式相比，操作相对复杂，不仅需要使用者先理解包装的障碍结构，且需要使用者在生活中积累一定的操作技巧，所以此种结构更适用于青少年安全包装。

以上三类安全防护型结构包装，看上去简单，但要具有智能的特性并不容易。它涉及三个关键点：①安全性的目标；②安全防患对象的智能程度；③与前面二者要求相匹配的包装结构的创新与实现。

这三点是互为条件，相辅相成的。在具体的设计中，特别要注意的是千万不能顾此失彼，否则，设计就会变得毫无意义。

4.2.5　显窃启型智能包装

喜新厌旧，是大多数人所共有的心理。当人们购买到一件商品时，如果包装被开启过，人们心里就会产

生商品是否有问题这一疑问，特别是现在越来越多的人在互联网上购买商品，很多网购商城每天都会收到上千条关于商品被开启过的投诉，特别是涉及贵重物品的。

包装被开启过，对于线下购物者来说，可能是因为商品曾作为样品，被购买者看过。但对于线上购物而言，商品可能会被调包，以次充好；也可能会被盗，短斤少两。不法分子中的一些"高手"，干了这些勾当以后，将消费者蒙在鼓里。原因很简单，就是他们打开包装，调包或偷盗以后，又把包装复原了，复原到购买者难以发现商品曾经被开启过。这种情况的存在，说明了包装的防伪设计、防窃启功能存在问题。

从前几节反复讲到的包装的基础功能要求来说，包装要有良好的保质和防护功能。随着人类社会和人类自身的发展，为了满足包装的基础功能需要，包装就要变得"越来越聪明"，也就是要对包装结构进行创新设计，通过智能化设计，提升包装的安全性、可靠性，使其起到智能防伪的作用。

防止在流通中被调包、被盗的包装，就是显窃启型智能包装（图4-9）。这类包装是指只有通过打开或破坏一个显示物或障碍物，才能取出内部产品的一种包装。这个显示物或障碍物一旦破损，就给消费者提供了可见的证据——说明原产品包装已被人干扰过。随着数字智能技术、材料智能技术的发展，显窃启包装形式越来越多样，其防护性能也越来越高，这一点在前面已经提到，也列举了一些实际案例。这里主要从结构设计的角度来阐明这类包装。事实上，从包装发展的历史来说，显窃启型智能包装最初也源于结构设计。这类包装最典型的结构是可破坏盖，原称防盗盖。

酒鬼酒最初的包装也采用了可破坏盖，瓶盖与瓶身连为一体，均为陶质，开启时，须撬起瓶盖与瓶身之间的镂空处，瓶盖一旦与瓶身分离，就无法复原（图4-10）。除这种瓶盖与瓶身均为同一材料的情况以外，目前市场上的显窃启瓶盖多为金属或塑料制成的。金属盖或塑料盖可为密封物提供可见的破坏痕迹，被大量用在OTC药品、饮料、食品等包装上。目前主要有两种形式的可破坏显偷换盖：一种为断开式或撕拉式；另一种是真空式，也可辅以内封物（见瓶口内封闭）以达到显窃启目的。下面分别对扭断盖与撕拉盖结构设计进行介绍。

（1）扭断盖

扭断盖有两层结构，上面是螺纹式盖子，下面是一圈短的圆环，盖子和圆环之间通过多个接触点连接，每两个接触点之间有一段小空隙。当拧动瓶盖时，上面的盖子和圆环之间就会断开，一旦断开，不仅无法复原，而且密封都很困难了，所以消费者可以轻而易举地看出产品包装是否被打开或破坏过（图4-11）。

（2）撕拉盖

撕拉盖是在掀开瓶盖和瓶身的结合处的下方加封

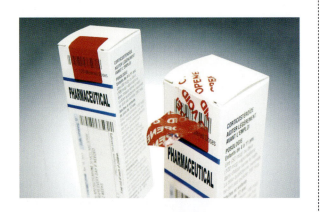

图4-9　显窃启型智能包装

图4-10　酒鬼酒

图 4-11　扭断盖

图 4-12　撕拉盖

一层圆环，打开时需要先把圆环撕掉，如五粮液酒包装、茅台酒包装，瓶口都有塑料撕拉盖作为封环或包裹，只要开启了就会留下打开过的证据（图4-12）。

对于显窃启这种包装来说，尽管其未来的发展趋势是更高级的数字智能或材料智能等形式，但传统的结构智能在这种包装中仍有存在的必要性和创新设计的空间。科学合理的结构智能方式，具有成本低廉、生产简单、易于操作、易识别等优点。

4.2.6　可计量型智能包装

可计量型智能包装是指在包装的使用过程中，以包装中某一特殊部分作为计量器具，量取包装物的一个已知、固定的量，满足人们对产品合理用量需求的一类包装形式。这类包装结构，与前面所学习过的几种类型的包装一样，也具有智能的基本特点。作为一种功能型的包装，可计量型智能包装符合当下被推崇的科学的、个性的生活方式，备受消费者欢迎。从现实生活中的一些情况，结合包装功能延伸、拓展的作用、价值与意义来看，我们可以从三个方面来理解可计量型智能包装。

①在追求健康生活的当下和未来，人们对不合理用量危害认识的日趋深刻，呼唤包装的可计量功能。比如，与人们生活密切相关的食用油、盐和其他各种调料每天的摄入量对人的健康都是有影响的，但这些东西的取用，往往又难以把握，若其包装采用可计量控制，就能保证取用的科学、合理。

②如果能通过包装本身直接完成量值过程，这样不仅可以满足用户对产品合理安全用量的需求，而且

不需要借助专门的计量产品或工具来解决用量的限制性与准确性。这种包装方便了人们的生活，提高了生活效率。

③可计量型包装兼具包装和计量两种功能，使包装本身又具有产品的意义，不仅可以增加包装的附加值，而且符合可持续发展理念，节约了资源。

下面我们不妨通过目前市场上一些可计量型包装设计的具体案例，对可计量包装进行解析。前些年，泡泡糖很受欢迎，但近几年，口香糖逐渐取代泡泡糖，成了大众特别是青少年的喜爱之物。每个人嚼口香糖的出发点和目的是不一样的。不管什么情况、什么原因，口香糖现在是畅销商品。

日常随身携带的瓶装口香糖，其包装的使用流程是：首先一手握住瓶身，另一手打开瓶盖，再取出口香糖，这种包装方式如在特殊环境下单手操作是有较大难度的。针对这一问题，好丽友公司研发了一款专门满足车载用户需求，可单手操作整个开取过程的木糖醇口香糖包装（图4-13）。包装瓶分为内外两部分，瓶盖上方有一个拉环，向上提拉内胆再放下，口香糖会由底部自动推送上来，置于正上方的圆口处。整个动作流程是一次提取一粒，方便人们单手操作，极其适合驾车一族。

现在患有"三高"（血脂高、血糖高、血压高）的人很多，据医学研究，主要原因之一是日常生活中人体长期过量食用油、盐。

长期过量摄取食用油，极易引发肥胖症、血脂异常、高血压等病状，在日常生活中这种隐性危害很容易

图 4-13　好丽友"粒粒出"木糖醇口香糖包装

被忽略。为此设计一款可控量的智能食用油包装对消费者具有重要的意义。比如图 4-14 所示的这款智能食用油定量安全包装，由定量罐、储存罐、吸取结构三部分组成。使用者使用时只需要按照定量罐的刻度按压按键，将需要的油从储存罐注入可视化的定量罐，然后在做菜时倾倒即可。

患有"三高"的人群通常会药不离身，天天都得吃诸如降压药、降糖药、降脂药来维持正常生活。适量用药没问题，但过量用药的危害也不能低估，因此安全型可计量药品包装设计就很有必要和意义。这种药品包装通过开启使用方式来限定取量大小，避免不合理用量。

荷兰一家公司推出了一款多维生素矿物质胶囊的药物分配器包装，设计了药物出口轨道的注塑模具（图4-15），在使用时每按压一次包装顶部的白色开关，分配器就会自动弹出一粒药丸，使用者根据用量重复按压即可。

从上面这些可计量型包装在市场上的情况不难发现，这类包装具有存在的价值和开发的前景。设计师在设计这类包装时要注意几个问题：

①量值的确定。最理想的方式显然是一次取用，即一个动作就可以了。

②结构的可靠性和稳定性。

③功能基础上使用的便利性。

④尽可能使用与包装形态相同的材料，追求材料的单一性。

图 4-14　智能食用油定量安全包装

图 4-15　多维生素矿物质胶囊的药物分配器包装

5

智能制造技术与工艺

感知技术与感知包装

溯源系统与溯源包装

电子标签与导电油墨

二维码与可变印刷装置

智能化生产装备与管理系统

Intelligent Packaging Design

众所周知，任何造物活动都是建立在一定的技术基础上的。包装是产品的"外衣"、附属物，无论是在手工业时代，还是在现代社会生产条件下，制造技术与工艺在其发展变化中起着十分重要的作用。智能包装尤其如此，我们甚至可以说没有先进的制造技术与工艺，就不可能有智能包装。

5.1　感知技术与感知包装

例如一款应用感知技术的酒瓶包装，当我们把手机轻轻地靠近它时，手机会发出"嘟"的一声，再看看手机屏幕，上面显示有产品信息，这样手机已经自动把产品的相关信息读取出来了。

像这种能够被智能手机或者特定设备自动感知的技术，就叫感知技术。而带有这种可被自动感知技术的包装，我们称为感知包装。

原来，这款酒的瓶盖里，粘贴了一个薄薄的东西。这就是电子标签，通常称为RFID（radio frequency identification）标签（图5-1）。就是这样一个小小的电子标签，却能够存储丰富的商品信息。当智能手机接近它的时候，可以把它存储的信息给读取出来。

现在，我们知道RFID标签是一个电子标签，它就像是一个人一样，可以张口"说话"，告诉用户想要知道的信息。所以，我们说，这个RFID标签是可以被感知的，带有这样的RFID标签的包装，就是感知包装。

上面讲述的RFID标签只是一个应答器，它由天线、耦合元件和芯片组成，每个标签具有唯一的电子编码，附着在包装上被目标对象识别。

RFID标签可分为有源标签、无源标签、半有源半无源标签三种。

RFID标签的工作原理是：标签进入磁场后，接收阅读器发出的射频信号，凭借感应电流所获得的能量发送出存储在芯片中的产品信息，或者主动发送某一频率的信号，解读器读取信息并解码后，送至中央信息系统进行数据处理。

图 5-1　RFID 标签

图 5-2　智能手机

RFID 标签要发挥功能，还必须要有阅读器，阅读器可以是智能手机，也可以是专用的电子装置。

在刚才的这个案例中，智能手机就充当了阅读器的角色。如果不用手机，当然还可以开发专用的阅读器来代替智能手机对 RFID 标签进行读取（图 5-2、图 5-3）。

关于 RFID 的来源，还有一段有趣的历史。它是在二战时期由英国人最早发明的，当初主要是用于辨识敌对双方战机的身份，避免错打盟军的战机。20 世纪 60

年代开始商用，最早的商用领域是药品包装，它主要用于防止制造贩卖假药。随着技术的成熟和制造成本的降低，现在 RFID 已经广泛地应用于很多产品了。感知包装是智能包装的一种基本形式，传统包装要升级为感知包装，必须要带有感知技术，就如前面我们讲到的 RFID 标签，它就是一种可感知的技术。

感知技术有很多种类。除 RFID 标签外，最常见的一种感知技术就是二维码（图 5-4）。二维码是用某种特定的几何图形按一定规律在平面上分布黑白相间

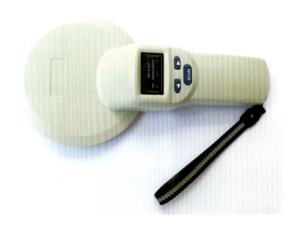

图 5-3　专用芯片扫码阅读器

图 5-4　包装盒上印制的二维码

的色块来记录数据信息的。在代码编制上，二维码巧妙地利用构成计算机内部逻辑基础的"0""1"比特流的概念，使用若干个与二进制相对应的几何形体来表示文字数值信息，通过图像输入设备或者光电扫描设备自动识读，以实现信息的自动处理。

二维码的用途非常广，它可以方便地印制在商品的包装上。不管是哪种材质的包装，比如纸质包装、塑料包装、铁质包装等，只要可以印刷图文信息，都可以印刷二维码。

二维码的印制可以采用传统印刷机或者数字印刷机，速度既快成本又低，而且可以实现"一物一码"。所以，它的用途非常广泛，成本也很低。

二维码信息的读取也非常方便。只要利用手机中的"扫一扫"功能，对准二维码扫描，就可以把二维码里所包含的信息读取出来，非常方便。所以，现在市场上有很多商品都采用二维码作为感知技术。

有二维码的包装，也可以称为感知包装，因为二维码就像 RFID 标签一样，也可以张口"说话"，告诉用户想知道的商品信息。

当然，除了 RFID 标签和二维码，还有很多其他的感知技术，我们就不再详细介绍了。有兴趣的同学，可以阅读这方面的书籍，看看还有哪些新技术可以用于感知包装。同学们甚至还可以研究属于自己的感知技术，并在感知技术的基础上开发属于自己的感知包装。

5.2 溯源系统与溯源包装

先请同学们思考一个问题：比如你在网络上购买了一本书，可是过了好几天还是没有收到，这时候，你会做什么呢？一般来说，我们会在网络上查看这本书的运送状态，也就是查询它所在的位置。当这本书到达你的手中时，网络上就留下了它从订单生成、配送、签收的整个过程，记录这个过程的系统就是溯源系统，或者叫作追溯系统（图 5-5）。

溯源系统就是能够完整记录商品流通线路，可以查询商品流通路径和时间节点的系统。溯源系统对居民生活和社会经济的作用非常大。比如刚才我们举的例子，是溯源系统在网络购物和物流中的应用，它可以帮助消费者方便地查询到商品的流通路径和流通状态，让购买者知道商品离自己还有多远，以便安排好时间来签收商品。

此外，溯源系统在食品与药品领域里也能发挥很大的作用。在过去，如果发生了食品质量安全问题，由于缺乏溯源系统，监管部门往往找不到食品是在哪个环

图 5-5　商品销售溯源系统

节、哪个地方出现了问题。现在借助溯源系统对商品流通的追溯功能，一旦出现食品质量安全问题，监管部门可以很容易地回溯食品的整个流通链，从而快速确定食品是在哪个环节、哪个地方出现了问题，帮助查找落实责任人。溯源系统对药品流通领域的帮助也类似。所以，溯源系统为人们的生活提供了很多便利和保障。现在国家已经开始大力推广溯源系统，特别是在药品、食品流通领域，推广力度更大。

溯源系统完成追溯功能有两个必备条件。第一个必备条件就是我们在前面讲到的感知技术。一件商品要能被追溯，那它必须可以被感知，而实现被感知功能的途径，就是借助感知包装。第二个必备条件就是要有计算机追溯系统，这个系统包括信息读入、信息存储和信息查询三个基本功能。

利用感知技术获得商品在某个特定时间、特定地点的信息，然后把信息录入数据库，直到该商品到达消费者手中，完成记录商品整个生命周期过程。在这个过程中，消费者通过感知设备或查询设备（如智能手机）调取数据库信息，便可以查询到商品的整个流通路径，也就是可以追溯查询。

因此，一个完整的溯源系统可以记录或查询的时间节点要覆盖产品的全生命周期。商品要实现溯源功能，必须要借助包装，具体来说，就是要借助感知包装（图5-6）。追溯范围涵盖了从原材料一直到被消费环节，今后还有可能覆盖到包装废弃物的回收和再利用环节。目前，在溯源系统的数据录入环节，充当数据录入口的就是前面讲到的 RFID 标签或者二维码。

RFID 标签或者二维码，可以把每件商品的唯一身

图5-6　可溯源商品

份信息固化其中。在需要录入商品信息的时间节点或地点，由录入设备通过 RFID 标签或二维码记载的商品信息即可完成追溯信息采样。

这里需要强调一点的是，用于追溯系统的二维码，必须是"一物一码"，也就是每件商品包装上的二维码要求各不相同，就像居民身份证号码一样，每件商品都有专属二维码，只有这样，才能形成完整的追溯系统。否则，如果一件商品包装上印刷有二维码，但是，这个二维码不是"一物一码"，那这件商品就是不能被追溯的。

商品的溯源一般是通过包装来实现的，所以，可溯源包装也就成为一种重要的智能包装形式。

Q&A:

5.3　电子标签与导电油墨

通过上面两节的学习，我们认识了感知包装和溯源包装两种智能包装形式，也明晰了这两种包装的定义、特点和作用。下面我们共同来学习与 RFID 标签制作相关的材料和工艺。

我们知道，一个 RFID 标签是由天线、耦合元件和芯片组成的。本节所介绍的 RFID 标签的制造工艺，主要是指标签天线的制造工艺，这是 RFID 标签制造中较为重要的工艺环节。

5.3.1　传统 RFID 标签天线的制造工艺

（1）蚀刻法制备标签天线

天线在蚀刻前应先印刷上抗蚀膜。首先将 PET 薄膜片材两面覆上金属箔，如铜箔、铝箔等；然后采用印刷的方法，在基板双面天线图案区域印刷抗蚀油墨，用以保护线路图形在蚀刻中不被溶蚀掉。基材制备好以后，就可以制备天线了。

制备天线时，将印刷油墨图案已固化的片材浸入蚀刻液中，溶蚀掉未印刷抗蚀油墨层区域的金属；然后再去除片材天线图案金属层上的抗蚀刻油墨，这样就得到了标签天线。

（2）绕线法制备标签天线

铜导线绕制 RFID 标签天线的制造工艺通常是使用自动绕线机完成的，即直接在底基载体薄膜上绕上涂覆了绝缘漆并使用低熔点烤漆的铜线，作为 RFID 标签天线的基材，然后用黏合剂对导线与基材进行机械固定。

以上两种方法是传统制备 RFID 标签天线的方法，它的优点是工艺较为成熟。但它的缺点也很明显，那就是制备过程中产生有机废液，处理不当，会污染环境，并且传统制备方法工艺复杂、成本较高，成品制作的时间也较长。

5.3.2　新式 RFID 标签天线的制造工艺

目前，新的制备 RFID 标签天线的方法是采用印刷，这种方法是一种环保节能、低成本的制造工艺。采用印刷方法制备 RFID 标签天线也有两种工艺。

（1）丝网印刷工艺制备标签天线

这种工艺的基本原理是丝网印刷，与传统丝网印刷不同的是，它采用的油墨必须是导电油墨。制备时，先把 RFID 标签天线的图案制成丝网印刷印版（即网版），然后用刮墨刀将导电油墨扫压过网版，导电油墨则透过网版上天线图样的网孔间隙黏印在被印刷的底材上，这样就制成了 RFID 标签天线。

丝网印刷的墨层厚度最多可以达到 100 μm，比其他印刷方式的墨层厚得多，这对于标签天线的制备是十分有利的。在实际生产中，墨层厚度一般控制在 15~20 μm，印刷后，可采用紫外线、红外线或热风等方式来完成固化。

（2）喷墨印刷工艺制备标签天线

丝网印刷在一定程度上节约了成本，但其油墨采用 70% 左右的高银含量的导电银浆，得到 15~20 μm 厚度的天线，属于厚膜印刷方式，成本高，且印刷过程中有溶剂排放，墨层的柔顺性较差。采用喷墨打印机制备标签天线时，只需要根据计算机系统中设计好的天线图案，由喷墨头将导电墨水喷涂到基板上，即可形成标签天线。喷墨印刷方式作为非传统印刷方式，在天线制备方面具有周期短、无污染、成本低等优点，是目前制备 RFID 标签天线最先进的工艺。

采用喷墨印刷工艺制备 RFID 标签天线也有三种类型：一是使用喷墨印刷方式把抗蚀油墨、阻焊油墨和字符油墨等喷射到覆铜板上，经过固化后得到成品；二是采用含有纳米金属颗粒的导电墨水直接将天线图形喷在聚酯片基上，经过低温焙烧固化，形成标签天线；三是通过用特殊的墨水，采用喷墨印刷的方法制造 RFID 标签中的电容器及电阻器等电子器件。

喷墨印刷与传统印刷相比，生产速度快，印刷成本也有所降低，更重要的是能够增加布线密度，从而提高成品质量。

5.3.3　导电油墨

说到这里，我们可能会发现一个问题，那就是只要采用印刷方法制备 RFID 标签天线，就必须用到一种材料，即导电油墨，或者称为导电墨水。导电油墨或导

电墨水是一种可以导电的材料。我们知道，普通油墨是不导电的，所以，不能用来制备 RFID 标签天线。导电油墨的功能成分，一般是纳米级的金属颗粒，常用的是纳米铜颗粒、纳米银颗粒。

纳米金属颗粒具有很强的团聚性，在油墨的分散体系中不容易均匀分散，导致导电油墨的性能不稳定。所以，现在很多研究者在研究开发用纳米银线来代替纳米金属颗粒。纳米银线是直径在纳米级的线状材料，其导电性能比纳米金属颗粒更好，而且不容易发生团聚，是制备导电油墨最理想的材料。

5.4　二维码与可变印刷装置

5.4.1　二维码

二维码又称二维条码，常见的二维码是 QR（quick response）码，是近年来在移动设备上流行的一种编码方式，它能比传统的一维条形码存贮更多的信息，也能表示更多的数据类型（图 5-7）。

国外对二维码的研究始于 20 世纪 80 年代末，根据编码原理的不同，常见的二维码可分为 PDF417、QR Code、Code 49、Code 16K、Code One 等。这些二维码的信息密度都比传统的一维码有了较大提高，比如，PDF417 的信息密度是一维码 Code 39 的 20 多倍。在二维码标准化研究方面，国际自动识别制造商协会、美国标准化协会已完成了 PDF417、QR Code、Code 49、Code 16K、Code One 等码制的符号标准（表 5-1）。

国际标准化组织技术委员会和国际电工委员会还成立了条码自动识别技术委员会，已制定了包括 QR 码在内的多种二维码的 ISO 和 IEC 标准。二维码作为一种全新的信息存储、传递和识别技术，自诞生以来就得到了世界上许多国家的关注。美国、德国、日本等国家，不仅已将二维码技术应用于公安、外交、军事等部

图 5-7　包装标签上的二维码

门以加强对各类证件的管理，而且也将二维码应用于海关、税务等部门，用于对各类报表和票据的管理。

我国对二维码技术的研究开始于 1993 年。中国物品编码中心对上述几种常用二维码的技术规范进行了翻译和跟踪研究。随着我国市场经济的不断完善和信息技术的迅速发展，国内对二维码技术的需求与日俱增。中国物品编码中心在原国家质量技术监督局和国家有关部门的支持下，对二维码技术不断深入研究，制定了网格矩阵码和紧密矩阵码两个二维码的国家标准，大大促进了我国具有自主知识产权二维码的研发和应用。

表 5-1 常用二维码对比（QR Code / PDF417 / DM / 汉信码）

		QR（日）	PDF417（美）	DM（美）	汉信码（中）	备注
发明时间		1994年	1992年	1989年	2005年	
是否中国国家标准		是	是	否	是	
是否国际标准		是	是	是	是	
面积 （mm×mm）	最小	21×21	90×9	10×10	有84个版本供自主选择，最小码仅指甲大小	
	最大	177×177	853×270	144×144	—	
信息储存量 （字节/平方英寸）		大	最小	小	最大	
		2953（7%纠错信息）	1106（0.2%纠错信息）	1556（14%纠错信息）	4350	
数字		4296	2710	3116	7829	
字符		7089	1850	235	4350	
汉字		1817	—	—	2174	
二进制		2953	1556	—	3262	
纠错能力	纠错分级	4级	9级	非离散分级	4级	纠错能力越强，储存有效信息越少
	最高纠错信息	30%	46.20%	25%	30%	
	最低纠错信息	7%	0.20%	14%	8%	
表示中文		优	差	一般	优	
解码速度		快	慢	一般	快	
抗畸变、污染能力		较弱	一般	超强	强	
识别方向性		全方向性	单方向	单方向	全方向性	
识别设备		支持手机、PAD、摄像头	仅限专用设备	支持手机、PAD、摄像头	仅限专用设备	目前多数手机二维码软件仅支持QR码

2016 年 8 月 3 日，中国支付清算协会向支付机构下发《条码支付业务规范》（征求意见稿），这意味着二维码用于支付得到了国家相关部门的承认。

二维码具有以下优点：

①高密度编码，信息容量大：比一维码的信息容量约高几十倍。

②编码范围广：可以对图片、声音、文字、签字、指纹等的数字化信息进行编码，用条码表示出来。

③容错能力强：因穿孔、污损等引起局部损坏时，照样可以得到正确识读，损毁面积达 30% 仍可恢复信息。

④译码可靠性高：普通条码的译码错误率是百万分之二，二维码的译码错误率不超过千万分之一。

⑤可引入加密措施，保密性、防伪性好。

⑥成本低，易制作，持久耐用。

⑦符号形状、尺寸比例可变。

⑧可以使用激光或 CCD 阅读器识读。

5.4.2　可变印刷装置

我们在本章第二节讲过，二维码可以用于溯源系统，这是因为我们可以为每一单件商品生成独有的二维码，也就是我们所说的"一物一码"，它就像每个人的身份证号码一样。两件同样的商品，它们的二维码是不相同的。把这样的二维码印制在商品包装上，可以起到溯源、防伪、防窜货等功能。

通常所见的二维码是采用传统印刷或喷墨印刷的方式印制的。

用传统印刷方法印制二维码，就是采用传统的胶印、凹印等印刷方式，其工艺原理和印刷文字、图像一样。传统印刷采用的是固定印版，因此，同一印版印刷出来的二维码是一样的，不会发生变化。这种二维码不具有"一物一码"的功能。

要想得到"一物一码"的二维码，必须采用喷墨印刷的方式。喷墨印刷是数字印刷的一种，它没有固定的印版，是靠喷墨头喷出的细小墨滴来形成图案，可以用来大量印制各不相同的二维码。每个二维码对应一件商品，就形成了商品的"身份证号码"，也就是我们说的"一物一码"。

这种印制"一物一码"的装置，就是可变印刷装置。它的印刷速度、印刷质量，很大程度上取决于所采用的喷墨墨头的质量或喷墨墨水的质量。

我们在印制可变二维码前，要先采集每件商品的信息，如品牌、规格、生产时间等，然后把这些信息导入计算机系统，批量生成二维码，再把这些可变二维码信息当作数据源，通过计算机生成指令，驱动喷墨头喷出墨滴，最后形成各个不同的二维码。

5.5　智能化生产装备与管理系统

包装已经进入了智能时代，各种各样的智能包装无处不在，与我们的生活密切相关，带给我们许多良好的包装体验。

那么，这些智能包装是怎么生产出来的？我们在前面讲到了 RFID 标签和二维码的生产方式，但这也仅仅是智能包装生产的一部分。一个完整的智能包装，除了可感知部分，还有其他一些元器件，以及这些元器件与包装的结合。

其实，很多智能包装是在智能化生产线上制造出来的，也就是说，生产智能包装的生产装备也是智能的。而这些装备，大部分都是非标准化的装备。

比如，包装上五颜六色的图案，就是用高度自动化的印刷设备来生产的（图5-8、图5-9）。我们知道，中国是活字印刷术的发源地，早在北宋时期，毕昇

图 5-8　五色轮转印刷机

图 5-9　全自动凹版印刷机

图 5-10　活字印刷术刻板

就发明了活字印刷术，为传播文明做出了不可磨灭的贡献。

现在的印刷技术和毕昇发明的活字印刷术（图5-10）已经完全不同了。现在的印刷机印刷的色数越来越多，从四色到六色、八色，甚至可以到十二色，也就是十二种颜色可以在同一台印刷机上一次性印刷完

毕，可见，其印刷速度和印刷效率是非常高的，而这些印刷装备大都是自动化程度较高的。

印刷质量的检测是非常重要的一道印刷工序。以往，都是有经验的工人，凭肉眼判断印刷质量是否符合要求，这样不但效率低，而且容易漏检。现在很多印刷公司都使用了印刷质量自动品检机。这种机器采用机

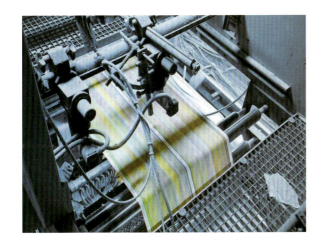

图 5-11　印刷质量自动品检机

图 5-12　自动喷码机

器视觉的原理，结合计算机检测算法和软件，能够快速地识别不合格的印刷品，真是印刷品检测的"火眼金睛"，任何一件有质量瑕疵的印刷品都逃脱不了它的"眼睛"。这种自动品检机，不但检测速度快，而且性能可靠，不会出现工作"疲劳"，一台机器的工作效率可以抵得上原来 30 个人的效率（图 5-11）。

在包装车间，以往把产品装入包装盒或包装箱里，大多是依靠人工。人工包装速度慢，效率低，而且容易出差错。现在很多工厂都用上了"机械手"进行产品的包装。这种"机械手"在电脑的控制下，可以自动抓取被包装的产品，然后把产品放到指定的盒里或箱里，从而完成包装，速度快，效率高，还可以 24 小时连续不断地工作。

商品的包装上，都需要有生产日期标签。生产日期是喷印或者打印在标签上，然后再贴到包装上的，这个时候，就需要自动喷码机来喷印生产日期（图 5-12）。工厂贴标时，还用上了自动贴标机，把标签自动贴到包装上（图 5-13、图 5-14）。这一系列运作都是在自动化装置上完成的，代替了以往的人工操作，大幅度提升了工作效率，减少了操作失误。

在过去，上规模的工厂几乎都有一个很大的仓库，用来放置原材料、半成品、成品等。对仓库的管理

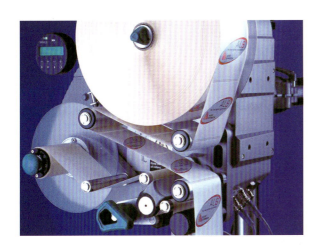

图 5-13　自动贴标机 1

图 5-14　自动贴标机 2

图 5-15　无人全自动仓库

以往依靠人工，如入库、出库、盘点，都是依靠人工记录和操作，这样既速度慢，又容易出错。现在，由于包装上使用了可识别可感知技术，仓库也变得越来越智能化，出现了无人全自动仓库（图 5-15）。无人全自动仓库就是依靠"机械手"和其他自动搬运装置，根据每件产品上的信息，利用计算机系统自动地将其记录、入库，并且能准确记下所存放产品的位置，当需要出库的时候，自动搬运装置可以自动找到产品存放的位置，把所需要的产品取出，然后把信息反馈给系统，由系统自动记下入库、出库信息，并进行自动盘点，从而节省了大量的人力和时间。

如图 5-16 所示，对于包装上带有 RFID 标签的商品，人们在定位系统的帮助下，在运输的过程中还可以对商品进行跟踪定位，在整个配送过程中时刻掌握商品所在的位置，用以判断商品是否在给定的路线上运输或在指定的地点存贮。这也是智能包装提供的便利。使用这样的系统，可以防止商品在运输或存贮过程中丢失、

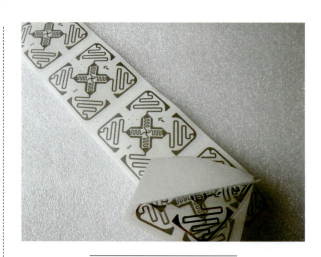

图 5-16　包装上的 RFID 标签

被盗，或者被运到其他非指定地点，防止发生窜货，给商品的供应链管理带来了很大的方便。

以上例子说明了智能包装生产的智能化，以及智能包装带来的便利。相信随着科技的发展，智能包装越来越智能信息化，使人们的生活越来越方便和快捷。

6

智能包装设计的原则与方法

Intelligent Packaging Design

掌握智能包装设计的原则与方法，要建立在把握包装设计目的和目标性的基础上。而对设计目的和目标性的认识，应直接与设计的层次结构相关联。我们经常讲：好产品，好设计；好包装，好设计。衡量一件产品包装的优劣，取决于设计的好坏。而具体到某一个设计来说，又是由很多要素构成的，每一个要素具有不同的表现形式，而不同的表现形式给人的视觉、心理感受是不同的，甚至可以说是异常复杂的。

6.1　设计的层次结构

古希腊时期，有一天，数学家毕达哥拉斯走在街上，在经过一个铁匠铺时，他听到铁匠打铁的声音非常悦耳，于是驻足倾听。他发现铁匠打铁的声音很有规律，这个声音的比例被毕达哥拉斯用数学的方式表达出来，这就是大家所熟悉的黄金比例，被公认为是最具和最能引起美感的比例（图6-1）。

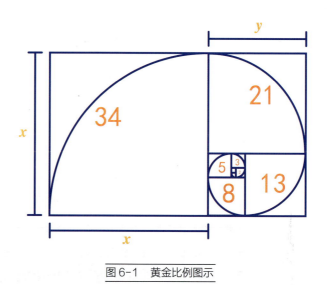

图6-1　黄金比例图示

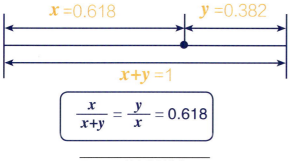

$$\frac{x}{x+y} = \frac{y}{x} = 0.618$$

图6-2 黄金比例数值图示

黄金比例是指将整体一分为二，较大部分与整体的比值等于较小部分与较大部分的比值，其比值约为0.618（图6-2）。在今天，这个比值被广泛运用到结构和构图设计中。

在超市购物时，我们会看到各种形状的包装，如长方体盒子、圆柱状瓶子等。这是否意味着设计中各个构成要素之间一定会存在某种可以量化的关系呢？答案是否定的。时至今日，设计中的许多方面仍然是难以具体化的，更是无法量化的。因此，我们衡量设计的好坏，还只能从它所需的层次结构来要求。换句话说，还只能从定性的角度去考量。如何定性？从哪些方面定性？包括以下五个方面：

（1）实用性

所谓实用性，简单地说，就是设计出来的东西一定是有用的，应是能够在工业上实施，具备可实施性、再现性、有益性，能够满足和美化人们生产、生活的某种需要，而不应是抽象的思维阶段的东西。举例来说，如果设计一款儿童饮料瓶，那么该饮料瓶的瓶身和瓶口的尺寸就应该符合对应年龄阶段儿童的特征，这就是实用性（图6-3）。

（2）可靠性

可靠性是指设计的产品在规定的条件下和规定的时间内，具有完成规定功能的能力，包括结构的安全性、适用性和耐久性。可靠性的概率度量叫可靠度。对产品来说，可靠度越高就越好。对于包装来说，就是在它的生命周期里不会破损，不会因包装不善而导致产品受损。

（3）可用性

可用性是指产品在特定环境下，为特定用户提供特定用途时，所具有的有效性、效率和用户主观满意度。简单地说，就是包装的功能是否齐全，是否处于完好状态。例如，我们为手机设计包装盒时，一定要考虑它的保护功能、流通功能和销售功能。

（4）熟练性

熟练性就是能否提高使用者的使用经验。说得更通俗一点，就是设计师做出的设计是否允许用户在设计师提供的功能的基础上做得更多、更好。比如我们打开一个易拉罐，在不熟练的情况下，都是用手指去拉接

图6-3　娃哈哈牌儿童饮料

环；在熟练的情况下，就可以用一个罐去撬另一个罐的接环。一个允许用户做一些之前不可能的事情，并可在基本的功能上扩展的设计，会被认为是非常好的设计。

（5）创造性

一般认为创造性是指个体产生新奇独特的、有社会价值的产品的能力或特性，所以也叫创造力。新奇独特意味着能别出心裁地做出前人未曾做过的事，有社会价值意味着创造的结果或产品具有实用价值或学术价值、道德价值、审美价值等。创造性有两种表现形式：一是发明，二是发现。前者是指制造新事物，例如鲁班发明锯子；后者是指找出本来就存在，但尚未被人了解的事物和规律，如牛顿发现万有引力。创造性以创造思维为核心，而创造思维又以发散思维为核心。一个好的设计，在创造性上的表现无非为两个方面：一是与已有

设计相比拓展具有新的功能；二是发现并运用一种新的满足人的需求的表达方式。

上述五个设计层次结构的要求，比较容易理解，但真正要全部体现在一个设计中并不容易。因为对设计师来说，怎么做才是最好，是无法把握的，正所谓学无止境，艺无止境；对使用者而言，随着社会的发展进步，尤其是科学技术的日新月异，每个个体的接受力、认同力是有差异的，很自然地，其审美观、价值观是不同的，也是不断变化的。

智能化设计正如我们前面所言，现在还处于初级阶段。但随着智能技术的发展，智能化水平不断提高，对设计的影响会越来越大。只要我们坚信设计没有最好，只有更好，并围绕上面五个层次结构去追求，去努力，一定会不断设计出更多、更好的作品。

6.2　智能包装设计的原则

我们通过梳理设计的五个层次结构，已经明晰好的设计、好的包装必须具备的条件。这里我们结合智能包装的形式和内容，探讨智能包装设计的原则。

首先要了解原则的概念，它是代表性及问题性的一个定点词，即行事所依据的准则。毛泽东在《增强党的团结，继承党的传统》一文中指出："理论与实践的统一，是马克思主义的一个最基本的原则。"毛泽东讲的这句话十分精辟，运用到智能包装设计上，可以说给我们提供了方法上的指导。智能包装设计的原则，必须建立在理论和实践结合与统一的基础之上。这里的理论无疑涉及新兴的智能化理论、传统的包装设计理论、现代包装设计理论与未来的可持续发展理论等众多理论；而实践，则是现实的生产、生活状况和社会经济发展的需求与必然要求。

根据理论与实践统一的要求，结合包装的功能与人类社会的发展需求，我们认为智能包装设计在现阶段

必须坚持以下四条原则：

6.2.1　人性化设计原则

我们常常看到这样的例子，女生在拧开瓶盖时非常吃力，甚至拧不开而求助别人，这样的包装显然不是人性化的。设计者只是从技术的角度来设计，并没有考虑到男生与女生之间的差别。当有人意识到这个问题时，同一款饮料就出现了性别的差异，有了"他"和"她"的不同的包装。

因此，人性化设计不只是一句理念化的口号，而是确实存在操作空间。在设计过程中，要根据人的行为习惯、人体的生理结构、人的心理情况等，在原有包装设计基本功能和性能的基础上，通过采用智能材料或者运用智能技术、智能结构，使商品在储运、流通和使用过程中，给人以非常方便、舒适的感觉，甚至产生情感共鸣。这一设计原则是在设计中对人的心理、生理需求的

尊重与满足，是设计中的人文关怀，是对人性的尊重。

由于产品种类的千差万别，包装的功能要求多种多样，而包装的实际用途与人的心理需求以及使用方式也千差万别，对应的人性化诉求并不相同。如何准确把握消费者的诉求？美国行为科学家马斯洛（Abraham Maslow）提出的需求层次论，揭示了设计人性化的实质。

如图6-4所示，马斯洛将人类需求从低到高分成了五个层次，即生理需求、安全需求、社交需求、尊重需求和自我实现需求。马斯洛认为上述五个层次的需求是逐级上升的，当下级的需求获得相对满足时，上一级需求才会产生，再要求得到满足。

设计由简单实用上升到蕴含各种精神文化因素等人性化元素，正是对这种需求层次逐级上升的反馈。人性化设计原则，决定着我们在进行包装设计时，是否要进行智能化设计，且智能化的程度需要多高。这条设计原则的重要性显而易见。

6.2.2　效率化原则

效率的本意是指有用功率对驱动功率的比值，后又引申出多种含义。对于造物活动而言，是指在给定投入和技术等条件下，最有效地使用资源，以满足期望和需要的评价方式。

人的欲望，是由人的本性产生的，是想达到某种

图6-4　马斯洛需求层次理论图示

目的的要求。欲望有物质和精神之别，关键在于如何控制。从本质上说，欲望是无限的，但满足欲望所需要的技术是有限的，必须消耗的资源是有限的。如何解决这一矛盾？最重要的莫过于利用有限的资源，发挥资源的最大效能，以满足人的欲望。在现代社会中，一件产品包装，在生产厂家生产出来以后，到消费者手中，再到被废弃，是要经过众多环节的。在这些环节中，销售包装、运输包装在储藏、运输中都会消耗大量的资源，这些资源包括人力资源、空间资源、能源资源、经济资源、环境资源等。如何合理配置这些资源，减少资源的浪费和对环境的污染？智能化设计的成功案例已经给出了明确的答案。我们前面介绍的智能管控包装就是鲜明的例子。

这条效率化原则，可能会引发大家的思考。为了满足这条原则，把所有的包装都智能化，实行智能管控，是否就体现了这一原则要求？但问题并没有如此简单。每一种商品的种类、属性、价值、流通的范畴等等，千差万别。因其安全性要求不一样，即使将智能化设计运用到包装上，进行智能管控，也未必就能提高效率。相反，可能会因采用智能化设计，使得包装成本大幅度提高，出现商品自身价值与包装价值倒挂的情况。这是需要我们认真考虑的。因此，效率化原则将决定我们的包装设计是否有必要采用智能化，以及在哪些方面和环节采用智能化。

6.2.3　效能化原则

效能是指有效的、集体的效应，即人们在有目的、有组织的活动中所表现出来的效率和效果，它反映了所开展活动目标选择的正确性及其实现的程度。效能是衡量工作成果的尺度，效率、效果、效益是衡量效能的依据。为了方便理解，有人为效能做了个公式：效能＝效率＋目标。意为一个人或组织不能片面地追求效率，效率高不代表目标就可以实现。比如，为了充分体现时代科技发展的潮流，设计师对一个大众化的品牌产品的包装进行改良或者换代，采用智能化设计，导致普通消费者对所采用的智能化设计无法接受，甚至认为是

多此一举，结果销量不仅没有增加反而减少，使得品牌声誉受损。现实生活中，这样的例子虽然还没有出现，但因改变包装，导致品牌缩水的例子比比皆是。

从产品包装自身的角度来说，采用智能包装，其效能化的解释就是该包装采用智能化设计是否正确且必要，其结果虽然最终要靠实际的产销比去检验，但前期的预见性和风险评估十分重要。对于产品包装采用智能化设计，我们可以放大到战略和战术的高度来比喻，适应时代智能化发展，是战略上的眼光。真正实施智能化设计是战术上的问题，它决定成败。战略不能出错，但战术更重要。战略上要藐视敌人，战术上要重视敌人，这句话很值得我们寻味。

6.2.4　绿色环保原则

包装与环境之间的关系，环境污染日趋严峻的问题，这是人们早已经意识和认识到的，可以说全人类都在为保护环境千方百计地想办法。但是，残酷的现实告诉我们，环境污染问题仍未得到根本改善，尚处于治标不治本的状态。关键要追溯到源头，污染源的问题没有得到根本治理。包装设计就是其根本源头之一。

传统包装设计中存在材料选择欠合理、多种材料综合运用等问题，导致包装废弃后难降解、不容易回收，对环境污染严重，这是不争的事实。

由于目前技术的局限性，智能包装尚不能解决废弃物的自然降解，同时还存在分类难回收、处理难等问题，这是我们必须清醒意识和认识的。

正确的抉择是要通过智能化设计减少包装对环境的危害性。这里除不能为智能化而进行智能化设计这个前提外，我们要努力做到：通过智能包装设计，便于包装废弃物的再利用和回收处理。

前面指出了智能包装设计必须坚持的四条原则。实际上，这四条原则并不是彼此孤立的，它们都应该集中综合体现在每一件智能包装上，千万不能顾此失彼。希望每一个包装设计者，都能将其铭记于心，并落实到自己今后的设计实践当中。

6.3　智能包装设计的方法

设计最难的问题，莫过于好的设计创意。好的设计，一定是建立在好的创意基础上的。创意虽然不等同于方法，但创意的源泉、创意方案的形成，一定是与方法相关联的，方法得当，才能有好的创意。

设计创意是针对目标问题的。这里，很显然，我们要聚焦于在包装设计中采用的智能技术与方法，使包装具有智能化。所以，与一般的设计相比，它的目的性、目标性在创意的路径指向上更加专注。我们一般认为传统设计的创意源泉有三个：一是向历史学习，即从人类史发展的文明成果中，总结经验，获得启示；二是向大自然学习，即从自然界的万物中发现、认识现象，获得灵感；三是向同行学习，从同行的行为活动和所得的成果中，受到启发。上述三个设计创意源泉，无不体现在传统设计中。智能包装设计一方面要解决现实生产、生活中存在的问题，另一方面要致力于引领时代社会发展。作为一个新兴的领域，它建立在对智能技术的掌握和运用上，所以，它与传统的设计创意相比，虽然有诸多的共性，即创意为先、创意无限，但也具有鲜明的指向性，即围绕智能化去展开。

6.3.1　技术驱动法

当包装设计者接到一个设计任务时，立马要去开发智能材料与智能技术是不现实的，也是不可能的，他只能充分利用已有的材料和技术，以包装为载体，去撷取、集成和运用。因此，智能包装设计首选的方法，应当是技术引领和驱动，我们姑且把它称为技术驱动法。

上盖蒸汽
储水槽

方便开启扣手

底部桌面
防烫设计

图6-5　开小灶牌自动加热米饭包装

这里的"驱动"，是指在对产品包装进行智能化设计和分析的基础上，围绕需求，放眼现有技术，进行智能化路径与方法的可行性分析与判断，从已有的显性与隐性的相关技术中，试图寻找出包装智能化实现的技术手段。这实际上表明智能包装在本质上是一种借用其他技术的设计行为，而不是发明创造。借用什么样的技术，怎样借用，取决于设计者的知识面和视野，取决于设计者对已有智能材料和智能技术的了解与把握。其中涉及了许多设计学自身学科领域以外的诸多知识。人们常说，设计学学科的边界很模糊，自身的相对独立性较少，更多地表现为与其他学科的交叉渗透，这种说法从智能包装设计上得到了充分体现。

当然，在技术的驱动过程中，对于技术的借用，也并不局限于当前最先进、最前沿的技术。事实上，许多成熟的技术，仅是我们已往在基础知识学习、日常生活中的一些常识，它们都可以被借用到包装设计中，使之智能化。比如，我们在初中阶段学习化学时，就知道生石灰的主要成分为氧化钙，氧化钙遇水会释放出大量的热能，使水发热沸腾。于是，就有人利用这一化学反应现象，设计出了食品中的自动加热智能包装。类似的例子还有不少，大家从现有的多种智能包装中可以感受到（图6-5）。

6.3.2　仿生设计法

先来看图6-6所示案例，这款酒的包装盒被称为"会呼吸的包装"。这里的"呼吸"借用了生物学里的一个概念，凡有生命的生物都有呼吸现象，对于人和其他动物而言，只有吸入氧气，排放出二氧化碳，才会保持

图6-6　窖客牌"会呼吸"的活性酱酒

生命力 。

仿生设计法无论是在古代还是在现代科技发展中，都具有重要的作用和意义。人类的造物与设计活动都是从仿生开始的。陶器作为最早的人工造物活动的产物，其成功烧制就是典型的例子。不仅各种器型的设计由仿生而来，而且器物各个部位的称谓也依据人的身体器官来命名。

随后，人类在长期的生产、生活实践活动中，不仅仅停留在对自然界生物的简单观察和认识层面，还在不断的认识和实践中，运用独有的思维和设计能力，由外观形态的模仿逐渐发展到生物属性层面的再现，创造出了大量具有智能意义的仿生物，来满足自身使用和美化生活的更高需求。

随着科技的发展，传统的仿生设计，早已不再停留在对自然界生物外观形态、色彩、结构的简单模仿上，转而研究生物系统的结构、特质、功能、能量转换、信息控制等，并把它们应用到技术系统中，改善已有的技术工程设备，创造出新的工艺过程、建筑构型、自动化装置等综合性技术系统。随着科学研究，特别是生命科学研究的日益精进，生命的奥秘将不断被解开，并不断被人们认识和把握。

从生物学的角度来说，仿生学属于应用生物学的一个分支；从工程技术方面来说，仿生学根据对生物系统的研究，为设计和建造新的技术设备提供了新理论和新途径。对于设计者来说，深入观察和了解自然界各种生物的静态和动态特征，从中发现某些现象，并以人工造物的方式表达出来，成为形成设计路径和方法的不二选择。而智能包装设计的目的是使包装的功能更优越、效益更大，且更人性化、更绿色化。对包装设计者来说，仿生设计不能仅仅停留在传统包装的造型、结构和装潢上，而必须树立新理念、新思想、新视觉，探索新方法，才能深入到自然界生物自身属性变化的动态模仿、模拟高度。对于仿生智能包装设计者来说，设计过程中最难的莫过于对自然界形形色色的生物生命现象的发现和对其原理、规律的了解与把握，在此基础上，寻找出和我们要进行智能包装设计的对象在基础功能和软

性功能方面的匹配点，然后，围绕其目标和目的要求，运用切实可行的技术来实现。

人是自然界的高级动物，而包装是人们生产、生活中的必需物，在人与包装之间，最理想的境界莫过于包装能像人一样，具有智慧的特点，能满足人的物质和精神需求，能与人进行交互活动，产生共鸣。如果从这一高度去考虑，那么，随着科学技术的发展，仿生智能包装设计具有无限的发展空间。

6.3.3 解码法

"码"的含义有很多种，其中最基本的内容是指一件事或一类事，可以用某种特定的符号或代码来表示。而解码作为通信科技中的一个术语，是指受传者将接收到的符号或代码还原为信息的过程，与编码过程相对应。我们在智能包装设计创意方法中借用这一概念来形容一种设计方法，就是从需求出发，针对智能包装设计的目标问题进行求解的方法，即解码法。

从包装概念的演变过程中，我们知道，除基础的保护商品功能、方便储运功能、便利消费者使用功能之外，在今天商品经济发达、物质产品极其丰裕的社会，包装还具有增加商品附加值和充当无声推销员的作用。对于一个好包装而言，实现前面的三大功能是基础前提，而对后面两个功能的发挥和追求，可以说是无限的，因为它直指人心。要想满足消费者的心理需求，在产品同质化现象日趋严重的今天，包装成为实现这两个价值的有力武器。

对于商品包装的基础功能，我们要坚信：没有最好，只有更好。以此而言，对于某一已有包装的产品，其包装的改良或者重新设计，首先是对原有包装进行全面且深入的分析，发现不足和存在的问题，以问题为出发点，围绕问题求解，寻求是否可以通过采用智能化的设计提升其功能，解决功能上的缺陷。如各种食品包装问题，尤其是生鲜活物的保活、保鲜包装问题，长期困扰商家，引发消费者对商品安全产生疑虑。因此，我们可以有针对性地分析食品对保活、保鲜和保质的实际环境需求，通过选用恰当的技术，

图6-7　冷鲜食品的气调包装

使包装成为与之匹配的环境需求产物。目前已广泛采用的气调包装（图6-7）、活性包装（图6-8），都是针对被包装物对环境的要求，而从众多技术中筛选

图6-8　食品干燥剂的活性包装

出来，并运用到包装上的。

　　除却商品包装基础功能之外，包装为增加附加值和促进销售目的实现软性功能，主要是指针对消费者在选购商品和使用商品过程中的行为方式和审美取向的认同、迎合与引导。我们知道，人的需求最终都需要通过某些特定行为去实现。行为是人们在自觉的活动中所采用的形式、方法、结构及模式的总称。而人的行为由系列动作组成，因而，在包装中可以用智能的"物"来替代人的行为。如何替代，关键是要对人的行为需求用智能的动作行为替代的方式进行解码，再利用智能原理、技术去替代它。众所周知，人们在购买商品时一个最基本的需求是"买正品，不要买假冒伪劣产品"，最担心和最不能接受的是买到假货。怎么使商品保真？在购买以前无法对产品品质进行亲身体验的情况下，包装防伪

Q&A:

技术的好坏，成为消费者对商品品质信赖程度高低的重要依据。防伪的办法多种多样，但它们在不同程度上存在缺陷与不足，有些防伪方法适合某一类商品，但对其他类别的商品并不适合。选择与之匹配的方法就是对防伪问题进行解码。从人的心理和认知角度来说，静态的防伪方式自然是很难被信赖的，采用数字智能防伪，实现消费者与生产商和产品信息多重交互，无疑是很好的防伪设计之一。目前，高档商品大量运用数字智能防伪方法，实际上就是对包装防伪问题的一种深度解码（图6-9、图6-10）。

解码法的运用，包括两个方面：一是对问题的发现和准确把握，问题在哪，问题的关键点是什么，从解码法的字面来说，就是先要找到并找准"码"；二是针对所发现的问题，找到最有效、最合适的解决方案和办法，就是"解"。二者存在一个倒置关系，"码"是前提，"解"是目标与结果。

以上我们简要介绍、分析了智能包装设计的三种主要方法，需要注意的是：在具体设计中能否运用自如，并达到目的，与设计的步骤和工作方式的正确运用与否紧密相关。我们每一个人所具有的知识、能力都存在一定的局限性，在有限的时间内，想要完成设计，做到尽善尽美，是十分困难的，所以一定要集思广益，用团队方式实现协同创新，这是设计发展的趋势，更是智能包装设计的发展趋势。

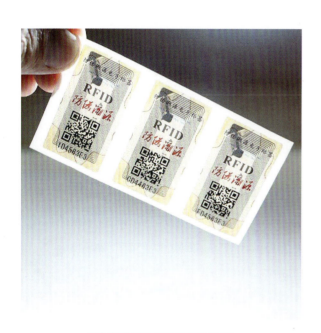

图6-9　数字防伪溯源标签1

图6-10　数字防伪溯源标签2

7

智能包装的应用

Intelligent Packaging Design

前面我们学习了智能包装的相关概念、发展历史、目前已有的三种主要类型、制造技术与工艺、设计原则与方法，这一章将主要探讨智能包装的实际应用情况。

7.1　智能包装的应用领域

近年来，智能包装的应用主要涉及食品、药品、日化用品、电子类产品、精密仪器类产品、奢侈品、军事装备等领域，贯穿产品的物流管理、销售和使用环节，应用范围越来越广。

7.1.1　智能包装在食品领域的应用

民以食为天。食物作为人类赖以生存的物质基础，不仅涉及全人类，而且是流通量最大、最广的物品，因而所需要的包装物用量也多。特别是随着社会的发展和生活水平的提高，人们对食品的品质和安全性不断提出新要求，在利用科技扩大食物来源和提高食物品质的同时，对食品包装性能的要求也随之提高，希望食品包装能够保证食品的质量、新鲜度和安全性，并能及时获取食品相关信息，从而放心购买与食用。这种情况使食品包装备受全世界的重视、关注，也使得新兴的智能包装设计在食品包装领域不断涌现。据初步估算，目前智能包装在食品领域的应用最多，占整个智能包装市场的 70% 左右，食品领域成为智能包装市场最具应用活力的领域。

我们根据前面介绍的智能包装的三种主要类型，即数字智能包装、材料智能包装和结构智能包装，结合具体案例对智能包装在食品领域的运用进行梳理。

（1）数字型智能食品包装

数字型智能食品包装不仅可以实现对食品的精细化管理，对食品产地以及生产、存储、运输、销售整个过程中的质量、环境、参数信息进行追踪溯源，为食品的安全提供更高的保障，而且可以通过 VR 和 AR 等技术，给消费者带来更丰富多样的体验。例如食品类包装上的条形码可起到安全追溯的作用，美国罗格斯大学的研究人员

图 7-1　智能微波炉加热包装

图 7-2　可口可乐城市罐

将条形码技术运用到一款智能化微波炉加热包装上，通过微波炉上配备的条码扫描仪对编入食品包装加工信息的条码进行扫描，使食品、包装和微波炉之间建立起便捷信息通道，极大地方便了消费者使用（图 7-1）。

RFID 标签食品追踪系统优于条形码，它实现了供应链的可视性，实现了对食品原产地的追溯和供应链流程的管理。在国外，RFID 电子标签已经如同商品条码一样普及。国内在十多年以前，也开始将其应用于食品质量监督。如 2007 年上海已将 RFID 电子标签应用于月饼包装，为消费者提供了产品的质量信息。2008 年北京奥运会期间，为保证食品安全，很多食品包装运用了 RFID 电子标签。2009 年，五粮液集团也将它运用到了高端产品的追溯防伪上。

近年来，VR 和 AR 技术更是从消费者体验交互情感出发，延展了传统食品包装上承载不了的信息，让消费者在获得更多食品信息的同时，可以交流、体验、参与、互动，产生精神愉悦并释放智力。例如可口可乐 2018 年 3 月推出的可口可乐城市罐（图 7-2），运用 AR 技术，将各地知名建筑、地域风情等信息结合到瓶身，消费者用智能手机对准城市罐正面扫一扫，瓶身就会浮现立体的城市吉祥物和动态环境景观。消费者在享用可口可乐饮料时，味觉、感觉、知觉和视觉都得到了满足，可口可乐的品牌形象也得到了维护和提升。

（2）材料智能型食品包装

材料智能型食品包装是指包装依赖智能材料所具有的智能属性，能对食品内部环境和外部环境的湿度、温度、光敏、压力、时间和气体含量等参数进行"识别和判断"，并进行智能化自动调节，从而延长被包装物的货架寿命。它分为指示型和控制型两类。

①指示型智能包装。如图 7-3 所示，这款指示型智能包装是在包装材料中嵌入特殊物质（如铁元素）、合成材料，当被包装物的气体含量（如硫化氢、二氧化碳）、温度 - 时间、湿度、微生物含量等超过标准时，外包装材料会出现某种颜色变化，以指示被包装物的新鲜程度。目前被设计用于包装鲜肉及乳制品的温

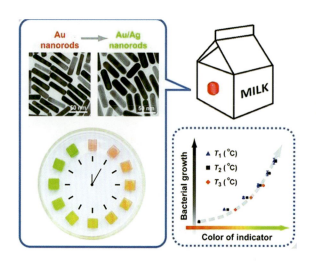

图 7-3　指示型智能包装

图 7-4　冷鲜肉食品包装的智能标签

度－时间指示器（TTI），以温度致变色油墨标签的形式来判断任何对温度敏感的产品，特别适用于测定产品的货架寿命、冷藏条件等，这种智能包装设计同样可用于告知经冰箱冷冻后啤酒的温度、肉类产品的新鲜程度及是否变质等。

如图 7-4 英国这款冷鲜肉食品包装的智能标签，它可根据食品包装开启后的时间长短变色，从而告知消费者食品的新鲜程度。褐色代表刚打开，红色代表需要尽快食用，紫色代表不能食用。

众所周知，果蔬越来越成为人们的主要食物，但果蔬的保质保鲜一直是困扰人类的难题。因为新鲜果蔬被采摘以后，不仅自身营养来源中断，新陈代谢急剧衰退，而且存储环境中的细菌，如大肠杆菌、葡萄球菌等会因破坏微生物的呼吸作用而使果蔬出现发酵、霉变、腐烂等现象，导致果蔬食用度不断下降，此时包装如果采用指示型智能标签，人们就能判断被包装物内部的氧气、硫化氢、二氧化碳等的含量，即能判断其新鲜度和能否食用。对此，目前市面上不仅已有针对不同果蔬存贮的杀菌膜，而且有对包装物内乳酸、二氧化碳量感应的智能标签，能在超过食用度时提醒消费者适时食用。

另外，这种指示型智能标签，也被运用到了一些食品环境温度提示上，如美国一种塑料罐装果子酱，在微波炉加热后，容器上有温敏变色油墨印刷的圆点能够

明确显示果子酱此刻的温度，以提醒消费者能否食用，以免烫伤。

②控制型智能包装。控制型智能包装是指在包装材料中嵌入特殊化学物质（如去氧凝胶层）以及合成材料，或对被包装物的内部构造进行智能设计，或对被包装物的气体含量（硫化氢、二氧化碳）、温度－时间、湿度、微生物含量等进行智能控制，最大限度地保持食品的营养和品质。例如采用智能化脱氧包装，可以使包装内的氧气浓度降至 0.01%，控制食品氧化速度，抑制细菌繁殖；乙烯气体能加速蔬菜和水果的成熟和老化，含有高锰酸的硅胶配合脱氧剂使用，对水果储藏和运输有绝佳效果；采用硅胶、氧化钙等干燥剂包装鱼类，可以有效降低包装袋透湿率，延长鱼类货架寿命。只要留心观察，目前市场上的各种真空包装、充气包装、气调包装随处可见（图 7-5、图 7-6）。

图 7-5　真空包装

图 7-6　充气包装

图 7-7　自热咖啡包装

（3）结构型智能食品包装

在前面学习介绍结构智能包装时，我们已经指出：创新的智能包装结构设计，不仅具有提升包装防护、防伪和安全使用等功能，而且能大大方便消费者随时、便捷地对食品进行加工。对于消费者而言，这种能对食品进行加工的结构智能设计，是传统包装所不具有的，因而很受欢迎。目前，在食品领域运用很早的功能结构型智能包装有自动报警、自动加热和自动冷却三大体系。在自动报警包装体系中，包装袋底部嵌有依靠压力作用实现报警的封闭报警系统。当包装袋内的食品品质发生变化时，其膨胀产生的压力就会大于预设定的压力值，报警系统就会被启动，这样可以提示消费者食品已出现质量问题，同时商家也可依此将商品下架。自动加热型包装利用压铸形成的多层、无缝的容器（容器内层分多个隔间）和简单的化学原理，在没有外部热源的情况下释放热量自动加热食品。雀巢早在 2001 年就开发了一款自热咖啡（图 7-7），将水和生石灰分别放置在罐内夹层中，通过化学反应产生热能，消费者按下底部的按钮后，可以在三分钟内喝到加热至 60 ℃的热咖啡。自动冷却型包装将冷凝器、干燥剂、蒸发槽置于包装内部，利用产生的蒸汽和液体可在短时间内大幅降低食品温度。自动加热和自动冷却型的结构智能，满足了户外人士的需求，甚至被广泛运用在野外军需、灾难救援等类别的食品包装中。

需要指出的是：国外包装界还在试图通过结构智能包装增加食品的营养价值。为防止微量营养成分长时间与液体接触而发生流失，欧洲人开发出了一种新型饮料包装，利用了易拉罐密封状况下内部压力大而被打开时里面的压力骤降的特点。在饮料未饮用前，易拉罐中的微量营养成分与液体是分离的，通过特殊的结构设计，当盖子迅速弹起时，微量营养成分就会被自动释放到饮料中并溶解，从而确保饮料的营养价值最佳。

众多实例充分说明智能包装在食品领域的运用已经触及了食品保质、保鲜、保活，以及食品安全、便捷使用和食用精神体验等方面，其中许多功能是传统包装难以做到的。

7.1.2　智能包装在药品领域的应用

生、老、病、死是人类的自然规律，任何人都免不了会生病。特别是在当今社会，人类寿命延长，人口老龄化日益加剧，对药品的需求量不断攀升，药品安全问题因而受到普遍关注。药品安全包括药品的质量与疗效保证和用药安全两个方面。而这两个方面，都离不开包装，包装在其中发挥着不可替代的作用。提升患者服用药品的准确性和方便性，也成为药品包装安全性的关注重点和设计要解决的问题。目前，各种先进的药品智能包装研究在欧美各国都已经开始普及，但在国内的发展仍处于起步阶段，发展潜力很大。药品包装实现智能化，可以有效地实现药品质量跟踪管理，为医护人员提供科学的数据信息，以优化治疗方案，提升消费者服药的准确性和便捷性，确保用药安全。

首先，介绍药品的质量疗效与包装的关系。作为药品，无论是西药，还是中药，无论是冲剂、水剂，还是颗粒、粉末，其药性、药效的保证，需要建立在一定的环境基础上，温度、湿度、光照，以及密封度都会对其产生影响。尤其是对于由化学成分合成的西药，要使药品被生产出来以后有一个合适的有效空间，包装是核心的因素之一，这里涉及包装材料的选择与包装结构、包装技术的运用。毫无疑问，材料的合理选择是基础，结构的合理科学是保障，包装技术的合理运用是关键。在这三个因素充分发挥作用的前提下，如能采用智能提示、智能警示、智能保障，这显然是一种技术换代升级。事实上，现在的药品包装对于药品储藏、流通过程中的监控，除实现包装本体的保护功能以外，也已经开始对贮藏和流通中的环境变化进行了积极干预。如干细胞、器官移植一类的运输包装，通过恒温冷却结构设计，在规定时间内确保其温度不变或变化很小。又如，材料智能型包装中，指示型和控制型智能包装能保证药品质量，减轻氧气和湿度对药物效能的损坏。

如图7-8所示，这款国外可自动显示用药时间过期的药品包装，经过一段固定的时间之后，表面会出现"不宜销售"的过期提醒标志，提醒消费者不宜使用。

其次，对于患者来说，在不买到假药、失效药的前提之下，最怕的是误服药、不能按时服药、多服或少服药。药品采用智能包装，可以避免此类情况发生。智能药品包装能提升服药的准确性和方便性，设计师通过功能结构的改良，如借助弹力、压力以及其他机械设计等物理学原理，赋予药品包装一定的智能性功能，例如方便老年人开启、阻止儿童误用、方便计量取用、方便切割药片等。

如图7-9所示，这种药瓶的包装盖里就带有切药品器，即在普通瓶盖上增加了一个透明的切分器，使用者只需将药丸放在盖上，再按压盖子，就可以轻松地把药丸一分为二。

如何按时和准确服药？目前数字智能型包装设计已提供了很好的设计案例。对于这种包装设计，设计

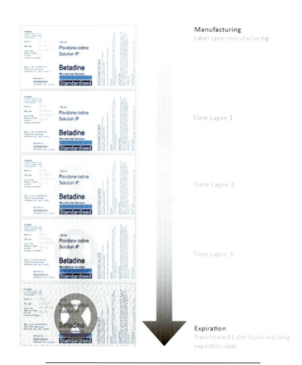

图7-8　可自动显示用药时间过期的药品包装

图7-9　带有切药品器的药品包装

师往往是在药品包装的适当位置植入电子芯片或者其他存储有相关药品信息的指示标识，其目的是自动记录、识别、跟踪药品的流通和使用状态，并有效防止假冒伪劣药品的危害。例如在智能泡罩包装中，每一粒药品被移走都会被记录下来，标记出患者取药时间

并将信息传递给医生。阿斯特捷利康公司开发的用于耳、咽管病症麻醉剂的 RFID 标签，已经完全解决了过去使用麻醉剂发生的剂量错误问题。

同时，具有多重智能形式的药品包装，正逐渐成为健康管理的有效包装形式。这类智能药品包装可以用来识别患者的个性化用药量及用药时间，通过定时存取及时准备好相应药品，如果患者忘记服药，则触发警报。这些创新不仅非常人性化，而且能大大提升用药安全性。

如图 7-10 所示，这款剑桥大学学生设计的Memo Box 智能药盒，具有智能服药提醒、家人远程服药提醒、忘带药盒提醒、重复用药告警、自动生成服药记录、用手机呼叫药盒的功能，可以和手机 app 绑定。使用者可以提前设置要吃的药以及每种药的服用时间，之后只要把它当作普通药盒带在身边就行。

每到吃药的时间，药盒会亮绿灯，还会发出"滴滴滴"的声音，提示使用者吃药。如果吃过药后短时间内又打开药盒，它就会亮红灯，发出紧促的"滴滴滴"的声音警告。每一次打开药盒都有记录，何时服药，吃了什么药，打开手机 app 就能看到。使用者可以用这个记录来检查服药情况，还可通过 app 关联别人的账号，这对于老年人或者子女提示父母吃药特别具有人性化的关怀。

总之，医药领域，由于事关人类健康和生命安全，在当代备受关注和重视，可以说，举凡医药中存在

图 7-10　Memo Box 智能药盒

的显性和隐性问题，目前均已成为人们致力于解决的问题。智能包装在其中已呈现出成果丰硕、设计形式纷呈的格局，不仅应用前景非常广泛，而且充满无限创新设计的机遇和可能。

7.1.3　智能包装在日化用品领域的应用

从实际应用来看，目前智能包装主要集中在食品和药品领域，日化用品所占市场份额尚不是很大，但日化用品在国民经济和人们生活中的地位日益上升。

随着人们生活水平的提高，日化用品的产销量呈逐年上升的趋势。对于一些刚解决温饱问题的民众来说，日化用品可能不是必需品，但随着物质丰裕社会的到来，日化用品的产销量将呈现持续增长的趋势。

我国作为发展中国家，目前社会的主要矛盾已由人民日益增长的物质文化需要同落后的社会生产之间的矛盾转化为人民日益增长的美好生活需要和不平衡不充分的发展之间的矛盾。在这种经济格局之下，日化用品的需求将日益扩大，日化用品的安全要求将日益提高。正是这种趋势引发了日化用品包装的变化，与传统日化用品包装相比，智能包装设计的份额日趋增大，设计形式逐渐丰富。

从目前的实际情况来看，智能技术在日化用品包装上主要有三个方面的用途：一是保证产品的品质；二是方便消费者合理使用；三是进一步确保或提升产品安全。

日化用品包装属于高附加值包装，与其他产品的包装相比，具有更大的利润空间。一些品牌化妆品已经应用了智能包装方法，例如防晒护肤产品的包装可以用来测试紫外线的强度，根据紫外线强度，指示消费者选用防晒程度不同的护肤品。

还有部分面膜的包装设计，采用感温变色的材料，显示面膜使用的最佳温度。例如，韩国 AHC 面膜（图 7-11），包装背面有个类似温度计的智能指示标签，标签呈现绿色就是说明面膜已达到皮肤吸收养分的最佳温度，提示此时消费者使用效果最佳。

对于高档次日化用品，产品的真伪对消费者而言

图 7-11　AHC 面膜

是至关重要的。信息智能防伪有效地保护了消费者权益。例如很多大品牌日化产品上都采用了二维码进行防伪，消费者只要在手机 app 平台直接扫描二维码，就可以轻松验证产品真伪。

至于洗发剂、沐浴露等日化用品的包装，其智能设计主要体现在结构智能和材料智能两方面：一是通过结构设计，达到取量合适和使用方便的目的；二是通过采用智能材料，实现洗涤用品包装材料在超过 37℃ 时的自然降解，从而不留包装废弃物。

日化用品用量大，传统包装问题多，尽管人们目前已采用了一些智能包装设计，方便了消费者安全便捷使用，同时，也开始注意到了资源消耗和环境污染等问题。但无论是国外还是国内，从目前的情况来看，其问题仍未得到有效解决。在今后的设计实践中，设计者应对此多加关注和思考，通过创新设计，用智能化的方式予以解决。

7.1.4　智能包装在其他领域的应用

前面几节我们了解了智能包装设计在与人们生活密切相关的食品、药品和日化用品领域的应用情况，已初步感受到了智能包装的发展和普及情况。事实上，智能包装还在其他一些领域被运用，这些领域包括电子类产品、精密仪器类产品、奢侈品和军事装备等领域。

（1）智能包装在电子类产品领域的应用

以往消费者要正确使用电子类产品，主要依靠使用说明书，要很快学会和掌握使用方法，有一定困难。而现在不少电子产品包装运用 AR 技术等，借助手机智能终端为使用者提供数字化使用说明，既直观，又方便。这些电子产品包装通过三维展示，采用动态与静态、过程展示与操作示例结合的方法，使消费者在赏心悦目的环境下很快就能掌握使用和操作方法。

（2）智能包装在精密仪器类产品领域的应用

在精密仪器类产品中，其运用智能包装主要基于仪器在贮藏、流通过程中的安全性和使用的易学性与熟练性。精密仪器设备由于精细化和复杂性，对包装的保护功能要求很高：既要防碰撞、防冲击、防跌落和防重压，又要防潮、防雨和防晒。传统的做法是在运输包装上采用抗冲击力强的木箱或金属外廓，在包装容器内填充大量的缓冲物，并在外包装上用醒目的文字、图标，标明内装物在储运过程中应注意的事项。这种做法不仅很难做到万无一失，而且使得过度包装现象极为严重，不仅浪费了资源，而且多产生包装废弃物，污染环境。目前，许多小型精密仪器的包装已采用智能化设计，一方面，在内包装上优化结构，采用智能结构；另一方面，在外包装上，针对保护功能要求，在采用合理的包装材料的同时，通过嵌入智能标签、添加自动警示装置等，对流通过程进行监控、管理。智能包装的三种主要类型在精密仪器包装上都有不同程度、不同形式的运用。与此同时，与电子产品包装一样，某些精密仪器的外包装也运用了 AR 展示技术，消费者通过智能手机扫码，就可以了解该仪器的详细信息、操作方法和应注意事项。

（3）智能包装在奢侈品领域的应用

在奢侈品领域，智能包装的运用以最初的智能管控，如防盗、防调换、防随意开启为目的，逐渐拓展到用于传达产品信息，针对环境、个人、时间、位置和互动进行调整，并相互对应，具有互动性的内容。如前面提及的孟买蓝宝石杜松子酒瓶，采用 AR 技术，使包装具有以下三种作用：

①产品展示。将 AR 应用程序对准蓝宝石杜松子酒瓶，将会显示完整的蓝宝石杜松子酒产品信息。

②品牌宣传。该 AR 应用程序为消费者展示两段视频，当打开应用时，会自动讲述产品发展史，以及未来包装在生活上的改变。

③交互作用。AR 视频可以演绎不同的鸡尾酒调和方法。

（4）智能包装在军事装备领域的应用

在军事装备领域，智能包装的优势也十分突出，运用日趋广泛。众所周知，军事装备作为国家武装力量行使职能的保障，具有特殊性，安全性要求高。然而，如何系统地进行装备管理则是急需解决的问题。据国外报道，智能包装技术中的 RFID 技术最早就被运用在军事装备的包装上。人们将这种无线射频识别技术运用到仓储装备管理中，可以确保对军事装备实行点对点的流通过程控制，防止被盗和丢失事件发生。这一技术不仅可以提升处理物品的效率，还能反馈物资在运输过程中的即时动态状况。只要将强信号的天线和数据收发器装配在军事装备来回进出的门闸处，并把通信标签附在所有货物上，标签上附带的货物信息可随时从计算机中被调取。当物品被送往其他目的地时，其信息可由另一数据收发器识别，并被通知给中心系统。中心系统的管理人员可及时了解运输物资收发的各自数目，同时还能定位它们所处的位置。将 RFID 技术运用于军事仓储管理及其包装中，可以提高业务工作效率，改善清仓查库方式，降低运作消耗成本。

7.1.5 智能包装在网购物流中的运用

随着移动互联网技术以及智能终端的发展，人类社会迈入了大数据时代。大数据通过高效的算法、模式，对全体数据进行分析，在商业应用、网络应用、科学应用等方面创造了无穷无尽的价值，给人们的生产、生活带来了极大便利。与此同时，大数据也带动了电子商务和物流行业的快速发展。

将智能技术运用到网购商品包装中已成为查询商品品质以及辨别真伪的有力武器。智能包装在网购物流方面的价值主要是实现了商品流通的可视化。通过包装这一载体，商品的原材料、生产、仓储、物流、销售、消费等全生命周期的信息数据，以文字、图像、音频或视频等可视化的方式，在终端设备上显示出来，达到实时交互、处理、监控和决策的目的。

网购物流给人们带来便利和创造经济价值的同时，也造成了极大的资源消耗和严重的环境污染。一些快递公司依靠数字智能包装技术，开发了共享包装形式，以期减少快递垃圾，实现资源的有效利用。2017 年，苏宁购物平台推出共享快递盒，京东物流平台推出了"青流箱"；2018 年，顺丰快递平台推出 110 万个"丰·BOX"共享循环箱。这些可循环回收再利用的物流包装箱，不仅材料环保，而且通过大数据库建立逻辑计算关系，搭建监控调拨系统，在物流领域率先尝试实现绿色环保物流。

随着 5G 通信网络技术的推出和应用，互联网将迎来更加高速的发展，将渗透到人们生产、生活的各个领域，共享经济的发展将不可逆转。在这样的背景下，由网购物流推出的共享包装，采用智能设计，将是必然的选择。在这方面，尽管已有不少的成功案例，但离资源节约、环境友好两型社会的建立，离物质文明、精神文明、生态文明建设的目标尚存差距，还有很多方面的问题亟待解决。物流包装的智能化设计任重道远，创新智能程度、推出全新包装方式变得日益迫切。

简要了解目前智能包装在社会中各个领域的运用情况后，在生活中，人们也不同程度地体会和领悟到智能包装为人们生产、生活带来了极大的便利。高新技术的浪潮，将包装推向了更高的发展境界，人工智能与包装的结合是历史必然。将来，人工智能技术的发展将会给人们的生活、工作和教育带来更大的影响。目前的经典设计案例便能让人深刻地感知到其影响的深度和广度。

7.2　数字智能包装的应用

数字智能包装是指通过数字技术、移动互联网、物联网技术以及大数据对接，实现包装与人的智能互动功能的一类包装。目前在包装领域广泛应用的主要有以下几类：二维码、RFID电子标签、NFC电子标签、数字水印、AR技术、与物联网结合实时管控、声音提醒等。数字智能包装设计是目前智能包装中发展前景最好的类型。

正如前面所指出的，在数字智能包装设计中，目前运用较广、最有潜力的莫过于RFID电子标签了。RFID电子标签已在欧美国家有广泛性的运用，沃尔玛连锁超市、宝洁公司等企业都在努力推广RFID电子标签技术。借助RFID电子标签，产品在生产和流通过程中均有可追踪性，制造商和用户可以实时了解产品库存、流通、保质等信息，在物流管理中能预测产品销售情况，优化库存管理，整合资源，建立信息化仓储管理系统。与欧美国家相比，我国的RFID电子标签技术虽然起步稍晚，但现在的发展势头强劲，市场潜力巨大，仅以2017年出现的无人超市来说，就是RFID电子标签在发挥着巨大作用。

7.2.1　RFID电子标签包装

阿里巴巴无人超市内的商品大部分利用的是RFID电子标签包装技术，将电子标签贴在物品上，当物品通过读写器的区域时就能被感应识别。它一方面可以用于检测包装商品的环境条件，另一方面能够提供商品在储存和流通期间有关品质的信息，最重要的是可以鉴别真伪，最大限度地保障消费者的权益，实现产品可追溯功能。每个包装上的RFID电子标签拥有唯一的编码，当商品信息和消费者信息打通时，商品在哪里生产、被谁买走、是不是真货、哪个顾客喜欢买什么，这些信息都可以通过大数据被商家调取、分析，然后给每

个消费者做个性化推荐。

五粮液作为高端白酒，一直走俏市场，随之而来的是假冒现象十分严重。为了防止假冒，前些年，其包装开始使用RFID技术防伪。该酒的外包装盒和瓶身都有这种标签，这种标签的芯片无法复制，高度防伪，消费者只要通过智能手机读取RFID电子标签，就可以查询真伪，达到了很好的效果。

7.2.2　NFC电子标签包装

在数字智能标签中，还有一种是NFC电子标签，也就是近场通信感应数字标签。威士忌智能酒包装就成功运用了这一技术，其包装上的酒标签可以用来检测酒是否被兑过水。只要贴上Open Sense NFC标签，消费者就可以通过配套的手机app了解到这瓶酒的所有信息，可以增强防伪功能。这款智能威士忌酒瓶还拥有传感器，想要购买威士忌的顾客可以通过NFC技术接收广告。扫描标签后，顾客就可以获得例如价格或成分等内容。除了可以让消费者通过智能标签了解到这款威士忌的信息，公司也可以全程定位从商店到顾客家中的酒瓶，以防止酒瓶在运输中的损坏或者是被仿造（图7-12）。

7.2.3　AR技术包装

早在1990年，AR技术就已经出现，但在较长一段时间里，研究者并没有找到合适的切入点，将其应用到普通消费者身上。直到智能手机的出现，AR技术才得以被人们认知、推广。尽管AR技术的运用目前尚处于研究与探索的发展阶段，但其日趋成熟，不仅为包装行业的发展带来了新的机遇，也为商品包装带来了全新的互动模式。包装以AR技术为媒介，与消费者的互动维度从较为单一的二维视觉互动，转变为丰富的三维多

图 7-12　威士忌智能酒包装

感官互动；在互动内容上，AR 虚拟内容不受空间实体限制，可容纳海量信息资源，使视觉表现实现动态化，更加快速地吸引消费者的注意力，加强互动趣味性，直观快速传递商品信息。我们从最早将商品外包装与 AR 游戏结合的吉百利巧克力中，能深刻地体会到 AR 技术运用到包装上显现的优势。消费者使用 AR 软件将摄像头对准吉百利的包装文字和图案之后，就可以玩一款类似打地鼠的小游戏，各种小怪兽从包装的边缘钻出来，消费者可以用手指触摸"打"掉它们。游戏时长仅为 30 秒，但趣味性十足。将包装作为游戏道具，将手机作为游戏手柄，吉百利巧克力不仅因此销量大涨，而且巩固了品牌形象，以至搜集吉百利巧克力的包装纸成了很多小朋友热衷的事情。

包装上的 AR 技术不仅可以用于娱乐，还可以承载更多信息，让消费者获取更直观的使用说明。例如佳能相机 AR 包装，研发人员将该包装的外盒与手机 app 结合运用了 AR 技术。当用手机扫描佳能相机的包装图案时，包装上的标贴就会变成可视化的相机模型，人们通过 AR 技术可以虚拟体验该佳能相机的拍摄功能，还可以按照包装上的教程系统学习如何操作这款相机。从这个案例可知，AR 技术的运用使得包装更具智慧，信息的交互更加便捷。通过这一技术，生产者可以添加更多有用的信息服务，真正实现信息维度最大化。

7.2.4　智慧物联网包装

如今，数字智能包装设计被称为最有发展前景的包装技术。许多企业以包装为载体，运用二维码、AR、RFID、NFC、数字水印、TTI 标签、智能传感、北斗全球定位等数字化技术作为手段，对商品的原材料、生产、仓储、物流、销售、消费等全生命周期的信息进行采集，构建智慧物联大数据平台，使包装变成真正的自媒体和万物互联的载体，实现包装可视化，增加包装在防伪溯源、智能定位、信息决策、消费者体验、移动营销、品牌宣传、文化传播等方面的价值，从而助力实现供应链管理的可视化和高效化。例如，有设计师为包装运输过程实现监控功能设计了实时可追溯保温箱。据卢森堡货运航空有关负责人介绍，过

Q&A:

去几年易腐物品的航空运输量不断增加，在冷链包装方面，除保温箱外，商家还会采用保温毯对温度敏感的货物提供额外保护。某些要求处于特殊环境的药品，因其价值高，对冷链运输要求更为苛刻，从厂家到病患的冷链需要全程严格遵循温控等要求。商家在各个物流节点安装温度记录设备，并实时采集保温箱的温度和位置信息，通过 GPS 网络基站将数据实时上传至数据服务器并进行可靠保存，利用设备构建供应链可视化平台，实现 PC 端和手机端访问、实时监控温度位置、超温报警响应、订单环节展示和数据记录导出等功能，最大限度地帮助物流企业节省人力、物力、财力。

目前，国内外数字智能包装设计的成功案例已有不少，通过上面的案例，读者就能对数字智能包装有更深刻的理解。

7.3　材料智能包装的应用

随着各种新型材料，尤其是智能材料的不断研发，材料智能包装在我们的现实生活中逐渐增多，令人目不暇接。这一节我们主要赏析智能包装中的材料智能包装案例。

伴随着现代科学技术的进步，在被研发出的各种新材料中，拥有某些智能属性的智能材料不断涌现，将这些材料运用到包装上，就成了材料型智能包装。材料本身具有智能属性，因此其包装的功能，包括物理功能和软性功能大大增强，解决了传统材料包装存在的缺陷和问题。

材料智能包装是指通过应用一种或多种具有某种特殊功能的新型智能包装材料，改善和增强包装的功能，以达到和完成某种特定目的的一类新型智能包装。

目前，常见的材料智能包装，通常采用光电、温敏、湿敏、气敏、导电油墨等功能材料，对环境因素具有"识别""判断""控制"功能。功能型材料智能包装用途十分广泛，技术发展十分迅速，出现了许多技术成熟的产品。

7.3.1　变色材料智能包装

当购买物品时，生产日期是一定要查看的。怎么看？就需要从包装上去了解。我国有关包装的法律条文也明文规定：在外包装上必须标明产品品牌、生产企业和生产时间，否则会被视为"三无"产品。现如今，许多消费者喜爱从超市购买非常多的食材等物资囤在家中，但是过多的储藏物会导致人们忘记食品的保质期还有多久。随着新食物的购入，人们几天前才买回的东西就被冷落到了一角。于是往往买得越早，"埋"得越深，偶尔清一清贮藏架，就会发现许多被遗忘的食物、食材。针对此现象，来自北京大学的研究者们设计出一种智能标签，它可以在不打开食品包装的前提下告诉消费者食品是否过期。这种智能标签完美解决了在超市买东西的时候，消费者和商家都十分担心的食品在不知不觉中变质的问题，并且可以对产品是否变质做出准确判断。使用者仅需将标签贴在食品包装上，食物一旦变质，标签的颜色就会发生变化，从而起到警示的作用，而这一过程甚至不需要打开食品包装。这款食品智能标签是由微小的金、银纳米棒等化合物制成的，成本仅为 2 分钱。根据研究人员的设计，这款智能标签的颜色变化大致可以分为七种：当标签为红色或橙红色的时候，表明产品 100% 新鲜；随着时间的推移，标签会逐渐变成橙色、黄色；当变为绿色、蓝色、紫色时，也就意味着产品已经变质。这一过程能够反映食品超过保质期、温度改变等造成的变质，并且这款食品智能标签的

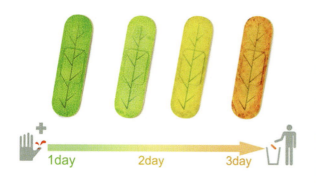

图 7-13　树叶创可贴

设计，具有安全、廉价的特点。

　　创可贴需要按时更换，很多人都知道这个常识，但很多人可能会忘记，导致伤口感染的概率变高。那么，如何才能让人无法忽视呢？设计师林森等人设计了能像树叶一样变色的创可贴。树叶创可贴（图 7-13）并不是指它是树叶做成的，而是指它能像树叶一样变色。刚撕开包装的时候创可贴是绿色的，随着使用时间的延长，会逐步变色，三天后变成枯叶一般的黄色，以提醒人们，这张创可贴使用的时间到期。

7.3.2　指示型智能包装

　　指示型智能标签不仅能指示新鲜度，还能指示成熟度。2014 年 1 月，新西兰研究成功并发布了一款具有成熟度感知功能的智能标签包装，这对鲜果产业意义重大。目前，美国波特兰市的一家超市正在使用这种新型感知智能标签销售梨子。购物者可以根据标签上显示的颜色辨别包装中梨子的成熟度，从而判断是买回家即食，还是需放置几日。

　　这种技术的原理是：标签上的特定涂层能够感知水果成熟过程中散发出的挥发性化合物的浓度，密封包装上方贴有从红色到黄色渐变的圆点色标，色标会根据水果成熟过程中散发出来的挥发性化合物浓度而变色，表示水果从生脆到完全成熟、富有汁水的过程。消费者只需参照包装上的色标，就能对包装内水果的成熟度一目了然。同时，它也可以保护水果，避免水果破碎或产生伤疤，让零售商在经营鲜嫩多汁的果品时降低损耗。

　　众所周知的可口可乐新包装，其真正的创新之处在于采用了温感变色油墨材料。乍一看瓶身上是一些白色的图案，可是冰镇之后，这些图案就像变色龙一样可以变色。自动变色的蓝色冰块、五颜六色的蝴蝶、太阳和帆船让可口可乐的瓶子一下子"热闹"起来。瓶身上的温感变色油墨可以基于人的手指的温度做出反应，根据温度的变化改变颜色。也就是说消费者手里拿着可口可乐的时候，包装的颜色可以随之改变。对于年轻消费者来说，手里拿着这样的可口可乐，无疑是一件又酷又有趣的事情，不但满足了自己的趣味，还能够发到社交网站上与朋友一起分享。可口可乐公司也在网上发起话题，鼓励消费者将可口可乐发到网络上并带起话题，这样不但增加了销量，还增加了与消费者的互动。

　　如图 7-14 所示，日本品牌惠比寿啤酒也是一款会变色的罐装啤酒设计。啤酒罐身上的鱼纹样本来是白色的，变为红色时就是提醒消费者现在畅饮这款啤酒是最佳温度。

　　上面这两个案例都使用了变色的材料，通过色彩的改变，起到提醒和指示的作用。这种变色材料，不仅仅适用于提供指示功能，还可以通过色彩变化和消费者产生互动，使包装更加有趣，以独特的方式增强品牌亲和力。

　　化妆品牌"NAKED"的包装，采用了温度感应变

图 7-14　日本惠比寿啤酒

图 7-15　香水包装设计

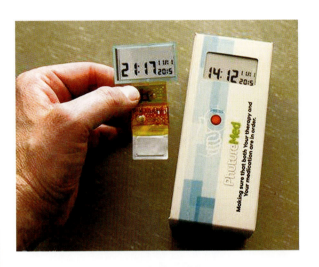

图 7-16　Eink 元太科技智能型药盒包装设计

色涂料，当使用者触碰包装时，被触碰到的瓶身周围便会"温柔地泛起一阵红晕"，瓶身似乎因害羞而"脸红"起来。原来是在包装上涂有一层温度感应变色涂料，人的手指的温度促使包装颜色从肤色变成红色。商家 通过这一互动性设计，巧妙地道出女性应该被温柔对待，同时也在暗示产品温和无刺激。

变色材料在智能包装中的运用现在越来越成熟，不仅有渐变色、变色一次的包装，而且出现了能变色两次的包装。

如图 7-15 所示，这是一款利用荧光油墨进行防伪的香水包装设计。该香水瓶的外包装运用了荧光油墨材料，在没有环境光、自然光等外部光源的时候，香水外包装呈现原本的银色，但香水包装一旦接触到光线，就会转换为玫红色，并显示出香水的标志，这样既可达到防伪的效果，又充分展现了香水品牌独特的韵味和特性。

7.3.3　印刷电子包装

近些年，印刷电子在智能包装中的应用可谓大放异彩，这种把电池和电路用印刷的方式印在包装上的方式，为包装的智能设计提供了更多可能。例如

OCULTO 啤酒包装，这个品牌商利用以压敏标签设计的印刷电子通路、纸电池、微动开关和 LED 灯为特色的智能标签技术，创造了这款发光啤酒瓶。压力开关设置在举起啤酒瓶时拇指自然落下的位置，而在按压时，LED 灯透过瓶子前部面具的眼睛开始闪烁三至四秒。这款会发光的啤酒瓶，能与消费者进行更紧密的互动，增添了许多神秘感。

印刷电子技术在药品包装中也有应用。如图 7-16 所示，这款 Eink 元太科技智能型药盒包装设计，是一个利用导电油墨技术的典型案例。该设计的核心部分就是采用了电子纸显示器，在这项设计中，显示器可将上一次用药时间的记录显示于药盒上，并且能按照预设时间自动提示下次服药的时间。其制作时需要将导电油墨印刷至塑料胶片上，这样就能形成我们所看到的电子纸显示器。导电油墨在药盒设计中的使用，为人们按时服药提供了保证，也为记忆力衰退的老年人带来了关怀。

我们通过众多案例见识了材料智能包装的神通广大，包装材料在智能方面的创新，为人们的生活带来了更多便利与安全，也将在不断创新中持续为人类的生活创造更多的可能性。

7.4　结构智能包装的应用

前面我们不仅介绍过结构智能包装是通过设计新式物理结构，使包装具备一些特定功能的，而且通过介绍一些实例，说明了包装结构的改进往往是以包装的安全性、可靠性和部分自动功能为目标的，旨在通过包装结构上的变化，使包装更具使用便利性与安全防护性。

本节通过智能包装的一系列案例来解读智能包装中结构的特点，使读者有更直观的感受和更深入的认识。

7.4.1　自动装置结构智能包装

在现阶段，极有代表性的结构智能包装首推自动加热和自动冷却包装。这两种包装都是在传统包装的基础上，增加了包装的部分结构，而使包装具有部分自动功能。人们在超市里随时可以买到自热米饭（图7-17）与自热火锅。这种自动加热型包装是一种多层、无缝的容器，由注塑成型方法制成，容器内层分成多个间隔，包含食材内盒、加热外盒。自热米饭带有一个发热包，遇到水后在3~5秒钟内即刻升温，温度高达150℃，蒸汽温度达200℃，最长保温时间可

达3小时，很容易将生米煮熟。其发热过程无任何污染，而且成本低廉，没有任何安全隐患。

自动冷却智能包装是在包装内置一个冷凝器、一个蒸发格及一包干燥剂，冷却时催化作用所产生的蒸汽及液体会贮藏于包装底部。该技术可应用于普通容器，它能在几分钟内将容器内物品的温度降低。例如常见的自动冷却型啤酒罐（图7-18），以水作为冷却介质，水从容器外壁汽化后带走热量，使啤酒冷却，最后水被吸附剂吸附，可大幅降低内装啤酒液体的温度。该技术的特别之处在于啤酒罐内有一个机械结构装置，可在3分钟内迅速将啤酒的温度降低，罐底冷却装置被扭动后，包围着饮品的凝胶就会蒸发，使罐壁夹层形成真空，而这种特殊的材料凝胶蒸发时会吸收大量的热能，使啤酒得到冷却。蒸发的热能最后被带至一个绝缘度很高的散热器中散发掉。该技术无毒无害，非常安全。

7.4.2　自动防护结构智能包装

结构智能包装的防护性功能，给消费者带来更多

图7-17　自热米饭

图7-18　自动冷却型啤酒罐

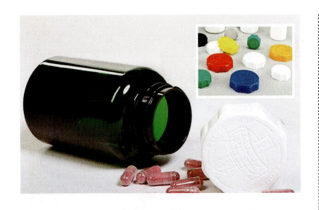

图7-19　EZ-Safe儿童防护药瓶塑料盖

安全保障。例如对于儿童这一认知尚未成熟的群体，其安全问题备受重视，包装的智能安全结构就可避免许多意外的发生。儿童安全包装一般是指儿童不易轻松开启的包装，这种包装多用在药物和有害有毒的化学用品上，这种带有一定障碍的安全包装一般是防止5岁以下的儿童在较短时间内开启或取出一定数量的有毒或有害物质，但对成人来说没有障碍。

如何减少儿童因误食药品发生中毒等危害生命的事件，一直以来是全球制药厂商关注的热点问题。如图7-19所示，这款儿童安全瓶盖的设计，是美国Packaging All公司推出的EZ-Safe儿童防护药瓶塑料盖，主要用于非处方药品及保健品。这款包装的瓶盖具有易使用及儿童防护的双重作用。瓶盖外围一圈被设计成带有固定间隙的柱状结构，从人机工程学的角度而言，便于用户旋转开启与封合，不易打滑。消费者需要按照瓶盖表面"向下压再旋转"的提示信息才可打开包装。儿童往往难以在较短的时间内想到开启瓶盖的方法，即使尝试旋转，以他们有限的手劲力量也很难达成目的。

除了药瓶的瓶盖，常见的泡罩包装，对儿童来说，是存在取出药品危险的，为此，市面上出现了经过改良的药品泡罩包装。它是在普通泡罩包装的基础上，在包装的背面增加了粘贴纸，取药的时候要揭开背面的粘贴纸，然后再像普通泡罩包装的开启方式一样取药。如此避免了因铝箔强度低，而引起儿童容易取出并误服药物的可能。该包装材料由四层组成，第一层是聚酯膜，第二层是黏合剂，第三层是软质铝箔，第四是热封黏合剂。

此外，智能结构药品包装设计，极大地方便了有一定认知障碍的老年人服药，例如，使用者服用片、丸状药品时，需要数粒定量服用。使用者常常要将药粒倒在手上计数，倒出和计数都很麻烦，不够卫生，也不方便。如图7-20所示，这种可计量药品颗粒数的药品包装，包括瓶盖、瓶体、标签和计量器。其特征在于：瓶盖上有出药孔，出药孔直径与计量器直径相匹配，瓶体上有凹槽，凹槽由标签覆盖并在底部密封，计量器插别于凹槽内并避免脱落，计量器上标注有刻度线，一段敞口并带有密封件。使用者通过附带的计量器能测量出所需药量，操作过程简单，卫生安全，从而有效地解决

Q&A:

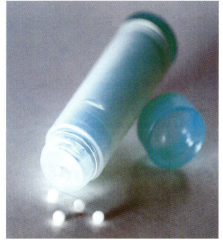

图 7-20　丸状药品计量包装

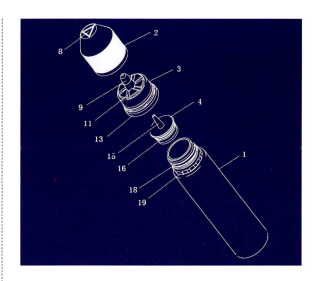

图 7-21　显窃启儿童安全瓶

片、丸状药品计量用药的问题。

7.4.3　显窃启结构智能包装

巧妙的结构型智能包装还可以具有防窃取功能，如图 7-21 所示，这款显窃启儿童安全瓶，包括盖体和瓶体。盖体包括由外至内依次相连的外盖、内盖和内塞：外盖的内壁顶部环绕安装有若干弹性簧片，弹性簧片外侧环绕安装有若干键板；内盖的上部设有安全凸起，安全凸起的内表面环设有若干嘴钳，内盖的上表面设有若干与键板相对应的槽，内盖的底端环绕安装有显窃启装置的圆环；内塞的上部设有密封喷嘴尖，密封喷嘴尖插入嘴钳之间，内塞外侧壁上环设有

若干密封圈。设计师采用这种结构设计，增加了外盖与内盖的咬合阻力，加大了儿童打开盖子的难度；且在保护儿童的同时也使消费者能够分辨盖子被打开、内容物被干扰的证据，从而避免使用受到污染、变质或其他人使用过的产品；也为视力障碍人士辨识内容物为药物，起到了警示作用。

7.4.4　结构管控型智能包装

学习这节内容前，我们提出一个假设性问题。如果把高科技电子元件附加到包装结构设计中，再和材料智能加在一起，会有什么创新呢？

这款智能管控油瓶（图 7-22）采用 ABS+PP 食

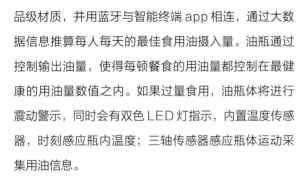

图 7-22　智能管控油瓶

图 7-23　喜力啤酒包装

品级材质，并用蓝牙与智能终端 app 相连，通过大数据信息推算每人每天的最佳食用油摄入量。油瓶通过控制输出油量，使得每顿餐食的用油量都控制在最健康的用油量数值之内。如果过量食用，油瓶体将进行震动警示，同时会有双色 LED 灯指示，内置温度传感器，时刻感应瓶内温度；三轴传感器感应瓶体运动采集用油信息。

　　如图 7-23 所示，这款喜力啤酒包装是应用电敏变色材料设计的，每个啤酒瓶底部都装有一个 3D 技术打印的电子元件，包含电池、8 个 LED 灯珠、无线网

络接收器等。这个 2 欧元硬币大小的电路元件使得酒瓶可以"随机应变"：当朋友互相碰杯时，两个啤酒瓶就会同时发光；举杯时，LED 灯则不停快速闪烁；酒瓶放下时，LED 灯就会逐渐变暗，自动进入睡眠状态；当酒瓶被重新拿起时，灯光又会慢慢苏醒。除此之外，人们甚至可以通过远程控制来操纵啤酒瓶的灯光，使之配合音乐的节拍，在喝酒情景当中上演一场灯光秀。这款智能啤酒瓶不仅通过全新的方式使饮酒者真正成为聚会的一部分，也为社交场合提供了更多可能性。

8

智能包装存在的问题与发展趋势

Intelligent Packaging Design

　　智能包装是二十多年前才提出的概念，作为一种新的包装理念、新的材料、新的技术的集合产物，作为包装发展的一个新领域，在发展过程中面临着许多亟待解决的问题。

8.1　智能包装存在的问题

　　通过对目前市场上运用的智能包装案例的分析，以及对智能包装企业的调研，我们可以发现目前智能包装存在技术研发、技术成本、消费者接受力、标准等方面的突出问题。

8.1.1　技术研发问题

　　当前，在一些先进国家和地区，智能包装模式已经得到了普遍应用。与西方发达国家相比，毋庸置疑，我国在智能化，特别是在智能包装技术的研发上起步较晚，无论是资金的投入还是研发人力的投入均存在不足，因而研究成果的产出和市场应用相对较少，加上传统包装企业门槛低，接收新技术意识淡薄，使得有限的智能包装技术在应用理念上严重滞后，无形中影响了整个包装产业智能化的推进。这成为制约我国包装发展智能化实现的主要因素。

　　从技术的视角来看，我国智能包装中对 RFID、播放设备片状化、芯片微型化等国际前沿技术的研究与探索进展缓慢，进而导致智能语音包装这类新型包装模式难以广泛应用。而对于材料智能包装，当前在材料色相变化的准确度与多样性等方面的研究尚存在不确定性。

　　从研发进程和潜力而言，关键是高素质的科技研发人员短缺、设备落后、实践经验积累不够。除几家大型电商集团的包装设计团队具备一定的科技研发能力之外，大部分包装企业缺乏研发能力，甚至没有专门的研发人员。这种状况使得要求紧随技术前沿、技术集成的包装智能化设计缺少发展的内生动力。

8.1.2　技术成本问题

智能包装在科技研发、生产制造、投入应用等层面成本过高，这也是影响我国商品包装智能化实现的重要因素之一。在我国，智能包装这一理念引入的时间其实并不晚，但市场化运作一直难以快速推进，这与智能包装科技研发、设计投入过高密切相关。导致这种新型包装技术成本过高的主要因素重点体现在以下几个层面：

首先，智能包装实现的过程，是在传统包装的基础上，增加智能技术模块，从而直接造成这部分包装成本投入的增加。

其次，在智能包装生产的过程中，需要对生产设备进行更新，势必会扩大投入成本。

再次，在智能包装实现的过程中，由于缺少各类标准，对其研发和应用需要投入大量的专利维护成本。

这一系列的问题导致智能包装的成本过高，制约了企业推广应用的积极性。

8.1.3　消费者接受力问题

受传统包装的影响，消费者群体对智能包装技术了解甚少，这是影响我国商品包装智能化实现的又一个重要因素。智能包装并未受到消费者广泛关注的原因，可分为以下两个方面：

一方面，消费者对智能包装的认识不够。在大多数消费者的认知中，包装是内装商品的附属品，是商品的外衣，仅起到保护商品、方便运输、促进销售的作用，不具备其他的特殊性功能，智能包装的高成本往往

使消费者望而却步。因此，现阶段智能包装的使用仅仅集中于功能性包装方面，如非有特殊需求，消费者往往很少选用。

另一方面，企业往往追求当前利益，既不愿意投入研发资金，也不愿意更新生产设备。因此，在智能包装投放市场的初期，设计者应针对市场定位，提出一种包装推广与企业共赢模式，从根本上推广智能包装，使其被更多的消费者所接受。

8.1.4　标准问题

智能包装在我国起步较晚，相关标准缺失，导致包装向智能化转型的过程受到阻碍。包装标准是指为保障物品在贮存、运输和销售中的安全和科学管理的需要，以包装的有关事项为对象所制定的标准。现有的包装标准是根据实际经验，对包装的用料、结构造型、容量、规格尺寸、标志以及盛装、衬垫、封贴和捆扎方法等方面所作的技术规定，从而使同种、同类物品所用的包装逐渐趋于一致和优化，以取得良好的包装效果。由于智能包装的发展还处于初始阶段，现有的包装标准仅针对传统商品包装，并不适用于智能包装。智能包装在用材、规格、造型和呈现方式等方面没有一个可以参考的依据，这对其标准化和批量化生产造成了困难。如前面列举过的案例中关于食品安全信息的显示，到底要用什么颜色显示在保质期内，什么颜色显示产品已过保质期，就没有统一的标准，这样容易造成消费者误解，不利于推广。究其原因是技术限制，但根本点在于缺乏标准意识。

上述四个突出问题，不仅需要人们予以高度关注和重视，更需要人们解决，因为它们是智能包装发展的制约因素。

Q&A:

8.2　智能包装的发展趋势

在上一节，我们探讨了智能包装在发展过程中存在的问题。发展是硬道理，是不以人的意志为转移的历史规律。随着社会的进步，特别是智能技术的发展，智能包装的进步必将生机勃勃。在这样一种趋势下，智能包装的发展将表现出何种势头呢？这涉及难以预计的未来，存在着许多变数和不可预知性，这里我们仅就智能包装产品化、艺术化、标准化和人性化四种趋势稍做阐释。

8.2.1　产品化的趋势

智能包装被赋予了大量传统包装所不具备的特殊功能，这些包装从设计之初就展现出了类似产品的功能性特征。传统包装在设计过程中，着重考虑的功能需求为安全运输与盛装结构合理，这两个功能都以产品使用前为重点关注阶段。一旦产品被消费者购买并使用，传统包装的功能性便会遭到不同程度的破坏与削弱，随之包装就会被作为废弃物处理或者粗陋回收。

智能包装与传统包装相比，作为副产品逐渐融入并成为产品结构的一部分，吸收和强化了被包装物的产品功能。

具体而言，智能包装的产品化趋势主要表现为以下几个方面：

首先，智能包装延展和强化了被包装产品的功能，使包装设计更具使用价值与功能价值。智能包装随着新技术的发展而被应用到了许多普通包装的设计中，这些新技术带来的新功能使得包装成为具备了强大功能的"产品外延"。例如在众多智能食品包装中，用活性材料制作的外包装就承担了监测食品质量安全的重要功能（图8-1）。而这种带有安全监测功能的包装就与传统包装有着巨大差别，它不再是简单的盛装包裹，而是具备了强大功能的产品结构，是产品整体不可分割

图 8-1　活性材料标签

的一个部分。

其次，未来智能包装生产的标准化特征逐渐增强，这种设计的标准化特征正是工业革命以来工业化大生产的核心要求之一，宣示了智能包装设计与生产的产品化趋势。新技术应用使智能包装功能不断增强，但是不同技术在包装领域的广泛应用，同时带来了市场生产与竞争的混乱，因此，智能包装设计的规范化与标准化成为必然趋势。这种技术应用的规范化与标准化使得智能包装设计更具现代工业产品的生产特征。

再次，智能包装设计的人机交互性特征逐渐增强，这种具有良好信息反馈功能与产品状态控制功能的包装，越来越趋向于符合现代工业产品的评测标准。在优秀的现代产品设计案例中，良好的人机交互性是好产品的必要条件之一，因为好的工业产品总能让使用者清晰地了解和掌控产品状态，而现代智能包装设计具备了产品设计的这一特质，可以让使用者及时掌握产品状态信息，避免错误使用。

从本质上来说，智能包装的产品化趋势，是现代商业社会发展的必然趋势，因为包装作为产品生产商盈利的一个部分，其功能、产品成本、生产技术等要素必

然会随着商业社会的不断调整而渐渐成为工业产品生产构成部分之一，这种商业化的本质需求必将引导智能包装的设计趋势逐渐走向产品化。

8.2.2　艺术化的趋势

目前来看，智能包装基本上还处于技术研发阶段，在智能包装艺术设计方面的探索尚未开展，但是其艺术化又是必然的。因为纯技术的表现方式往往显得单调和"枯燥无味"，艺术化能够以一种更为生动形象的方式表现其功能或效果，提升包装信息的易读性，方便消费者认知和使用。智能包装表现形式的艺术化主要体现在以下几个方面：

首先，智能包装母体造型与形式的艺术化。这个部分与传统包装的艺术化表现基本相似，主要是通过艺术化的图形、色彩、版式、字体、造型等基本视觉要素实现包装外观形态的艺术化。但与传统包装不同的是，智能包装外观的艺术化，还受到材料、技术的限制，比如变色标签上的颜色，并不是像我们用电脑制图软件一样，可以随时进行颜色的选择与应用，而是在材料本身所存在的颜色范围内进行选择。

其次，除上述外观视觉上的艺术化之外，智能包装是以动态表现为主的，在设计中除静态元素设计的艺术化之外，还要实现变化过程的艺术化。变化过程的艺术化包括变化临界点的巧妙选择与变化过程中各场景的视觉形象的艺术化。例如，对于智能发光包装，设计师在设计过程中，不仅要注重包装在发光时的艺术效果，同样也要注重包装在不发光状态下的艺术效果，更要注重包装在发光过程中变化的艺术效果。

再次，智能包装内容的艺术性。智能包装与传统包装一样，也涉及所要传达的信息。这些信息的内容，同样需要做艺术化处理。例如，智能语音包装具备语音功能，无疑与传统意义上的包装是不同的，但是在应用过程中，假如只是简单地将语音播放技术与包装体结合，那么其发挥的作用将十分有限。不仅如此，这种形式也将很快被消费者厌倦。因此，一方面，只有通过利用语音包装的技术优势，巧妙地将语音内容艺术化，才能以不变的技术应对万变的包装形式；另一方面，则是智能语音包装强调人文关怀的诉求，也要求人们将艺术化语音内容的设计开发纳入智能语音包装设计研究。

8.2.3　标准化的趋势

智能包装设计作为一种全新的现代包装设计概念，集中应用了大量现代工艺技术与科学研究成果，从本质上与传统产品包装有着显著差异，产品包装更具技术性、实用性、环保性与效益性。在智能包装设计中，包装的技术成本必然不断增加，但产品的整体价值同时也可获得成倍的增长。所以智能包装的整体价值较之于传统包装必然有着巨大的提升，这种提升在短时间内只需要通过尽可能多地应用新包装技术就可以实现。但是从长远角度看，智能包装设计作为一种完整的现代包装设计概念，必将随着新市场运营模式与新技术应用手段的不断成熟而变得规范化。这种规范化趋势可以让智能包装的技术应用手段与技术应用程度逐步标准化，因为只有相对标准的技术应用规范与技术成本投入，才能使生产商的商品包装更具安全性与利润空间，这也是现代包装生产企业所追求的主要目标。

先进技术广泛应用在智能包装产品上，出现了具备不同功能的新包装产品。这些形形色色的智能包装让原本就五花八门的商品变得更加多样化。智能包装参与到产品包装的竞争中去，使得传统包装信息单一借助于平面视觉传达的表现方式变得丰富，声音感应、光照感应、智能发光、智能发声、电子智能、材料智能、结构智能等现代科技成果都参与到了包装产品的竞争中。智能包装设计带来的这种竞争，必将轻松淘汰掉一部分功能单一、材料消耗大、设计陈旧的传统包装产品，可是伴随着新包装技术的推广与普及，智能包装之间的设计竞争，同样有可能回到"过度包装"这一类以资源成本浪费为竞争手段的老问题上去。因此，智能包装中涉及的技术应用规范必将逐渐变得标准化。拥有了稳定规范的技术应用方式与应用规范，才能将包装设计的发展方向合理控制在人性致用与绿色环保的正确大方向中。

智能包装设计作为一种新的包装技术，或者一种新包装形式与包装概念，如果要普及应用，并从根本上为生产商增加包装产品的商业价值，必然要对设计中使用到的现代技术和涉及的技术参数进行标准化与规范化。国内的智能包装设计应用实践，目前还处于技术研发与小型应用实验阶段，还没有进行大规模实践环节的实用性测试，也还未接受市场运营模式下的商业化检验。因此，智能包装在目前的发展阶段中，仍将长期处于设计实验与小规模推广状态。2010年，以苹果手机为代表的现代统一制式工业产品，将现代设计简洁实用的精髓发挥到了顶点。智能包装作为具有先进技术支持的功能性包装设计，同样能够借鉴现代工业设计中简洁实用的特征，精简设计细节，强化设计的实用性和可循环性。比如将部分同类产品包装进行规范化设计处理，或将智能包装的技术标准规范化，这样才能降低包装设计成本，推动包装市场良性竞争。未来智能包装的规范化与标准化设计趋势必将成为生产商提升利润和实现低碳环保的必然条件。

8.2.4　人性化的趋势

包装的智能化设计本质上是以人为本的。因此，进行智能化的设计应该建立在消费者的需求基础之上，并不是所有产品都适合进行智能包装设计。智能包装设计是人们在长期对包装需求过程中衍生出来的一种高端需求方式。正因为如此，智能包装的存在与发展都必须建立在人性的合理需求与人类的发展之上，也就是人性化上。作为智能包装的主要趋势，人性化主要表现在以下两个方面：

一是从大设计的角度，智能包装设计需要体现宏观层面的人性关怀。这里所谓宏观层面的人性关怀，一方面是指对老、幼以及残障人士的人性关怀设计（图8-2），因为智能包装相对传统包装，具备了很多附加的功能。这些特殊的功能，相对于那些具备特殊需求的人群来说，可谓雪中送炭。例如，对盲人来说，智能语音包装（图8-3）的出现，可以很好地解决盲人视障问题。相对于老人来说，智能药盒的出现，可以解决老年人忘记吃药、不能准确吃药的问题。相对于儿童来说，安全型阻碍结构药品包装（图8-4），能够解决儿童误用药问题等。这些需求的存在，为智能包装的发展提供了很好的方向，所以在智能包装设计中，要紧密结合这些特殊人群的需求，进行智能化形式的开发，以更好地实现智能包装设计的人性关怀。另一方面，智能包装的发展还需要在不同程度上方便人的生活，改善人的生活方式，并减少对环境污染。设计作为一种创造手段，同时也兼顾着创"生"（生活方式）和创"和"（和谐环境）。智能包装设计作为设计中的一种特殊形式，同样也兼顾着这些责任。因此，在智能

图8-2　盲文包装

图8-3　智能语音包装

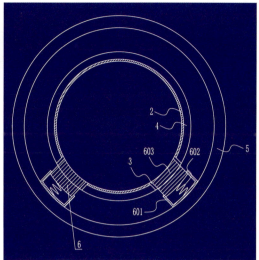

图 8-4　安全型阻碍药品包装

图 8-5　水溶材料

设计过程中，设计师可以结合目前人类社会存在的一些现象和发现的问题，结合智能包装的功能优势，进行多形式设计，开发更多能改善人类生活方式、减少环境污染的智能包装设计。例如，可以结合水溶材料（图 8-5）的特性，开发更多日用包装形式，替代目前的非环保形式的包装。

二是智能包装除要实现大设计环节下的人性化之外，还要从微观角度改善目前以技术为主导的设计形式，实现操作流程与视觉模式的合理化。目前智能包装还处于起始阶段，很多设计师由于学科间的差异对智能化技术的原理还不是非常了解，而技术开发者又不懂设计，导致技术与艺术的脱节。在下一步的发展

过程中，设计师应更加注重人与包装之间的关系，使智能包装更加符合人的认知习惯与使用习惯，注重设计细节的研究，将技术原理更加合理地运用到设计中去。例如对于智能发光包装来说，设计师要使发光的时间点、形式等方面与人在使用过程中的需求紧密结合，设计出更加符合人类视知觉习惯的包装，而不是将一个仅仅会"点灯"的包装与灯泡简单结合。对于材料智能包装的未来设计，人们不是简单在包装上贴几张会变颜色的标签，而是通过设计，将标签上的变色原理与人的视觉喜好相结合，做出更多具有人文关怀的艺术性变色包装。

Q&A:

8.3 智能包装的发展策略

智能包装与传统包装存在巨大的差异。传统包装经过了数十万年乃至上百万年的发展，已经十分成熟，但是智能包装不同，这种新型包装目前还处在初始发展阶段，且正如前面所说，存在一系列问题。我们在前面了解了它的总的发展趋势，这里主要探讨需要注意的问题，也就是为了更快、更好地发展智能包装，当下需要采取哪些对策与措施。

8.3.1 加快高级智能包装专业技术与设计人才的培养

从当前来看，在智能包装技术实现的过程中，高素质专业人才的短缺问题非常突出，因此必须高度重视高素质包装管理、技术人才的培养。对此，我国的高等院校可以设置与智能包装相关的专业和课程，积极推进智能包装专门人才的培养，从而打造人数更多的专业人才队伍。而包装企业也应站在战略高度，积极与高等院校联合办学，实现产、学、研、用结合，加速培养相关人才。同时，地方政府也应积极给予支持，帮助包装企业构建智能包装科技研发平台，对包装企业的科技创新、设备更新、科技成果孵化等给予财政扶持，从而加速我国包装技术领域的智能化，促进企业核心竞争能力、获利能力的提升。

8.3.2 加强与智能包装交叉学科的科研平台建设

智能包装涉及诸多现代先进技术，不仅需要将技术集成运用，而且要有持续不断的创新，与时俱进。因此，建立跨界、学科交叉的科研平台，积极开展协同创新，是其有效途径。多学科交叉的科研平台有利于智能包装的对外科技交流，推动智能包装技术的应用。当前，我国在该领域的研究与实践逐渐深入，且

涌现出一批具备指导价值的论文与实际成果，但要想将这些科研成果转换为市场化的实践应用产品，显然还有很多问题需要解决，比如投入过高、企业推广积极性不高、兴趣不大等。对于智能包装设计的研究，需要在智能包装材料、智能包装结构、智能包装方法等方面有更细化、深入的认识和了解，需要综合包装印刷、包装材料、包装结构和包装装潢等多方面的知识，学科交叉性很强。因此，要尽早建立对于智能包装科研平台的建设，才能更好地加强对智能包装相关问题和技术的深入研究。与此同时，设计师还应多汲取国外在智能包装研究方面的前沿信息，将其合理运用于我国智能包装技术中，从而提高我国在智能包装方面的技术水平，形成完善、合理的智能包装理论体系。

8.3.3 加快行业标准的制定，减少资源浪费

我国在智能包装很多领域的标准还不够完善，完善的包装标准关系到包装产业的利益保障和信息安全。目前，许多欧美发达国家都建立了较为完善的包装标准与物流标准，我国近年来也出台了不少与包装相关的标准规范，如《包装封套通用规范》《包装设计通用要求》等，但由于包装标准涉及面较广，往往存在标准体系不完整、标准水平滞后、可操作性不强等突出问题，且缺乏对智能包装相关标准的界定。如何改变包装所造成的资源浪费，如何在包装尺寸与防护等级上建立智能包装的标准体系将成为研究的重点。随着电商发展的需要与环保节能政策的落实，智能包装的标准化设计是大势所趋，它的实现将全面提升我国生产企业、物流公司的国际竞争力。在推动智能包装标准建立的过程中，我们应深入开展智能包装基础标准、智能包装专业标准以及产品智能包装标准

的研究，形成相关性、集合性、操作性强的智能包装标准体系，建设全国智能包装标准推进联盟和智能包装标准信息化专业网站，建成多个智能包装标准创新研究基地，遴选标准化示范试点企业，推进智能包装标准的制定与普及。

8.3.4　提高人们对智能包装的认识

智能包装的推广应用，离不开市场，而扩大市场需求，必须有消费群体。长期以来，消费者对传统包装形成了深入的认同心理，对智能包装一时还不了解，动辄产生排斥、抵制行为，因此，要促进智能包装技术的推广应用，提高我国商品包装、物流及销售的整体智能化水平，必须通过各种媒体，对智能包装进行广泛的、多层次的推介宣传，提高人们对智能包装的认识。

伴随着我国公民收入的不断增长，人们对于物质生活的追求也开始逐渐趋向时尚化、前卫化和理性化，在购物包装上的选择也呈现出多样化、个性化的鲜明特征。智能包装作为一种新的包装形式，被消费者接受并普及使用是确实可行的。在此基础上，我们应加强对智能包装的推广力度，灵活运用传统媒体等宣传手段，做好对智能包装的宣传；应积极探索，充分利用微博、微信等新媒体手段加强对智能包装的宣传报道工作，加强与消费者、企业的互动交流；应积极拓展智能包装的对外宣传渠道，创新宣传载体形式，邀请各类媒体参与宣传报道；同时应建立和完善专业人员对智能包装的解读机制，提升受众对智能包装的认识和理解，从而激发其购买行为。

智能包装作为一种新的包装形式，虽然能有效解决传统包装在当今市场所面临的种种困境，推动包装产业向着绿色、安全、高效和人性化的方向发展，但在发展过程中仍存在一定的问题和难点。因此，在我国商品包装向智能化转型的进程中，我们还需要充分思考时代要素，准确把握包装技术，合理规划包装成本，以客户群体的多样化、个性化需求为导向，将美学、心理学、社会学等学科因素融合到智能包装设计之中，有效适应市场与消费群体的需求，使其良好解决传统商品包装面临的各类问题，满足人们对未来包装的需求与期待。

智能包装作为一种新型包装，以及作为包装发展的必然趋势，随着我国科技的不断进步、综合国力的日益增强，一定会迎来引领世界发展潮流的明天。

后 记

　　二十年前，我从学习、研究包装伊始，便一直在思考这样一个问题：与人类同步起源发展的包装的未来发展趋势是什么？2007年，当我的研究生柯胜海进行学位论文选题时，我建议他选择智能包装设计。当时的依据主要有三：一是智能包装的概念在20世纪90年代提出以后，在世界范围内并未火起来，关注的人甚少，属于一个值得深入探讨的新领域，对其进行研究具有开创意义；二是人工智能技术迅猛发展，对传统的生产、生活方式的颠覆性变革日益突显，必然引发包装领域的巨变，人工智能将是包装发展的趋势，是不可回避的问题；三是我所在的湖南工业大学是一所以包装专业为办学特色的高校，在包装设计方面有一定的底蕴，有责任和义务在前沿领域率先开展探索，这样才能确保优势。从那时至今，我和团队成员便开始了这个领域的教学和研究，不仅将目录外的本科包装设计专业专列智能包装方向，制订培养方案，开设一些国内外不曾开设的课程，而且将研究生学位论文、本科生毕业设计的很多选题和概念设计都围绕这一领域展开。在取得了一系列的研究成果和设计案例的基础上，智能包装设计课程的内容、讲授方式、评价标准也不断优化、完善。现在呈现在读者面前的这本教材，就是师生共同探索的成果。

　　这本教材在我和黎英、柯胜海、丁茜、段伟华、姚进等团队成员共同探讨的基础上，由我提出大纲，团队成员参与撰写，最后由我负责修改、完成统稿。具体分工如下：第一章、第六章、第八章，由我执笔；第二章由柯胜海执笔；第三章由丁茜执笔；第四章由姚进执笔；第五章由段伟华执笔；第七章由黎英执笔。此外，我的研究生蔡京声、蒋馨漫、余佳、张雯舒、王程昱、谭文俊、李蕊廷、汪博伦、欧周等，在案例图片整理方面做了大量的工作，付出了辛勤的劳动。

　　教材建设是一项长期而艰巨的任务。作为一本没有样本可参考、内容没有定论，甚至概念都是自创自定的教材，要得到大家的认同是很难的。我们之所以有勇气公开出版，除了抛砖引玉，目的是希望智能包装得到学界、行业和消费者的重视、关注，使我国的智能包装设计理论、方法在全球具有引领地位，在具体设计上提供更多的中国方案。

朱和平

2020年7月